QC検定受検アドバイザー

山田ジョージ 著

10時間で合格！

山田ジョージの

QC3
検定　級

テキスト&問題集

KADOKAWA

指導実績10年のプロ講師が 最短合格をナビゲート！

本書は、10年以上にわたって「QC検定（品質管理検定）受検対策」ブログを運営し、3級対策セミナーを実施している山田ジョージが執筆。時間のない社会人や独学者に向けて、完ぺきを目指すのではなく、合格レベルの問題を確実に解く「ドライ学習法」を提唱しています。初学者でも読みやすい図解を豊富に用いたテキストと模擬試験を収録して、最短ルートで合格が目指せます！

本書のポイント

1 プロ講師が必修ポイントを公開

著者は試験を10年以上徹底分析しており、各種スクールなどで豊富な講義経験のある第一人者です。合格ポイントを1冊にギュッと凝縮しています。

2 オールインワンだから1冊で合格

各テーマごとに理解度を確認する問題を収録。すぐに知識の定着が図れます。また、第9章には模擬試験106問を収録。頻出問題に取り組むことで、着実に得点力がUPします。

3 超効率的「ドライ学習法」で最速合格！

QC検定は約70％以上の正解で合格できる試験です。忙しくて時間のない社会人や独学者に向けて、合格レベルの基礎知識を確実に習得できるよう構成しています。

4 図解が豊富。イメージで攻略！

試験では聞きなれない専門用語が多く出てきます。イメージで学んですぐに理解できるよう多くの図解で説明しています。

3つのステップで合格をつかみとる！

STEP 1 問題を解きながら理解できる

本書は、各テーマに必須の知識を解説した後、問題を解くことで確実に理解を深めることができるよう構成されています。図解でイメージを定着させ、知識を確実にしましょう。

STEP 2 「得点力」が高まる模擬試験

テキストを一通り学習して基礎ができたら、第9章の模擬試験にチャレンジしてみましょう。試験に慣れて関連知識をさらに深めることができ、グッと合格に近づきます。

STEP 3 不確かな知識、間違えた問題の再確認で理解を確実に

試験の直前にはざっとテキストを復習して、知識にモレがないかを確認しましょう。また、これまでのステップで解けなかった問題があれば、再度解いたり、該当部分の解説を精読して理解を深めましょう。

10時間で合格できます！

はじめに

　品質管理検定（以下、QC検定）3級に挑戦される皆さま、はじめまして。日本初のQC検定受検アドバイザーの山田ジョージといいます。

　QC検定は2005年にスタートしましたが、私は開始から間もなく、これまで10年以上にわたって試験分析を行ってきました。専門学校での講義や通信講座・ブログでの情報提供などを通じて、限られた時間のなかでいかに効率的に学習し、合格するかにこだわってお伝えしてきたのです。完璧を目指さず、合格に特化したこの学習法を私は「ドライ勉強法」と呼んでいます。

　あなたはこれまでの人生で、資格取得や受験勉強に途中で挫折した経験はないでしょうか？　試験の得点は高いほうがよいですが、最初から完璧を目指してしまうことで、本来必要ないのに多くの参考書を買ったり、高価な通信教育を購入するだけで満足してしまいます。

　最も重要なことは、始めた勉強をやめないことです。初めてQC検定の勉強をする人は、分厚いテキストに取り組むよりも、まずは最後まで読み通せて、自分の力量に合った薄いテキストから始めることが大事です。

　QC検定3級はけっして難しい試験ではありません。この試験に合格するためには、難しい問題で時間をとられ、深みにはまらないようにすることが必要です。こうした専門的な問題は捨てる勇気も必要となるでしょう。3級では、手法分野の計算問題を苦手にする方が多い傾向です。しかし、一度読んで理解できないところがあっても、ひとまず手法分野全体を通じて最後まで学習しましょう。苦手な計算問題でミスしても、他の手法分野の文章問題全体で合格ラインの50％をとればよいのです。

　一番いけないのは、理解が難しいテーマに時間をかけすぎて、前に進まないことで勉強をやめてしまうことです。合格が目的なのであって、満点をとることが目的ではありません。70点で合格しようが、90点で合格しようが、資格としては同じです。そのためには、品質管理に関する最低限の大事なポイントを押さえておくことが必要です。

　もし、学習していてわからないことがあったとしても、立ち止まらず前へ進みましょう。徹底的にドライに取り組むことで、合格をグッと引き寄せることができるのです。

QC検定受検アドバイザー　山田ジョージ

最短でわかる QC 検定 3 級

❶ 合格基準は約7割

QC 検定 3 級は、一般財団法人日本規格協会および一般財団法人日本科学技術連盟が主催し、一般社団法人日本品質管理学会が認定する品質管理に関する検定試験です。

対象者は、職場の問題解決を行う事務、営業、サービス、生産、技術などすべての社員や品質管理を勉強する大学生・高等専門学校生・高校生となります。3 級に求められる知識としては、**① QC7 つ道具の作り方・使い方を理解し、②品質改善についての支援や指導を受ければ、③職場の問題を QC 的問題解決法で解決することができ、④品質管理の実践を知識として理解しているレベル**です。

合格基準はおおむね 70% 以上となりますが、受検者の多くが日々業務に従事されている社会人です。そのため、勉強時間をとることが難しい社会人の勉強としては、徹底的に合格にこだわることが大切だといえるでしょう。

● QC 検定 3 級の概要

実施月	年 2 回（9 月と 3 月）
試験時間	13:30 ～ 15:00（90 分）
合格基準	出題を手法分野・実践分野に分類。各分野の点数が約 50% 以上かつ総合得点が約 70% 以上
出題範囲	品質管理検定レベル表（Ver. 20150130.2）に基づいて実施されます
方式	マークシート
受検料（税込）	5,170 円（2025 年 3 月実施の第 39 回より 5,830 円）
持ち物	時計および一般電卓。HB または B の黒鉛筆・シャープペンシル、消しゴム。万年筆・ボールペン・サインペンは使用不可です
受検資格	なし
申込方法（個人受検）	WEB 受付（クレジットカード払い・コンビニ現金払い等）

❷ 受検者と合格率の推移

QC 検定 3 級は、第 1 回（2005 年 12 月実施）の受検者数 1,468 人から急速に

受検者数を伸ばした人気の検定試験です。ピークとなる第28回（2019年9月実施）では申込者数42,686人、受験者数37,276人にまで達しましたが、その後新型コロナウイルス感染症の影響により、申込者数が2万人を下回る回次もありました。直近の第37回（2024年3月実施）では、申込者数29,143人、受検者数25,276人と一定程度回復しています。

　試験開始当初は、7割程度の高い合格率で推移していましたが、**最近では5割程度に落ち着いています。**過去の3級の試験問題では、試験ごとに極端な難易度の変化はないことから、基礎知識だけで十分対応が可能といえます。

● **3級合格率の推移**

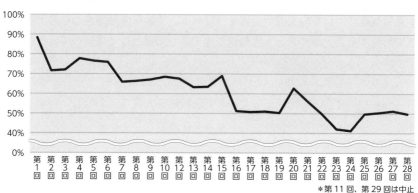

＊第11回、第29回は中止

❸ 受検の手続き

　個人での受検申込みは、インターネット経由での申込み（WEB受付）のみとされています。決済方法は、クレジットカード払い、コンビニ店頭での現金払い、楽天ペイ・LINE Payによる決済から選択することが可能です。

　9月試験は6月上旬から、3月試験は12月上旬から申込みが開始されますので、受検回次を確認して、忘れないように申込みを行いましょう。

　申込みの具体的な方法については、下記公式ウェブサイトを確認してください。また、問合せフォームから問合せを行うことができますが、個人の場合、問合せは申込者（受検者）本人が行うものとされています。

【QC検定ウェブサイト】

https://webdesk.jsa.or.jp/common/W10K0500/index/qc/

10時間で合格するドライ学習法

❶ 徹底的に合格にこだわろう

　3級は、開始当初から出題範囲が狭い試験です。第20回（2015年9月実施）から多少試験範囲が広がりましたが、それでも浅い知識レベルで対応ができます。したがって、忙しい社会人の方でも10日間ほど集中して行えば、合格できるレベルにまで達することができます。

　本書は、3級合格に必要な知識・問題をムダなく重点的に選択しているため、最低ラインでの合格には不要と思われる「細かで」「枝葉的」な知識は極力省いています。本書を集中して問題を解きながら読み進め、巻末の模擬試験の問題を解くことで、多少とも実務に関わっている方であれば、10時間程度の学習で合格することも夢ではありません。

　実際の試験では、計算問題が出題され、問題文に対応した計算式で計算すれば解くことができます。しかし、多くの受検者が、初めて学ぶ「平方和・分散・標準偏差」などの用語の意味を完璧に理解しようとして多くの時間を費やした結果、途中で勉強を止めてしまいます。勉強しなかった人は論外として、合格できない方の多くはこの傾向がみられるため、必要以上の知識の深掘りは禁物です。

❷ 読む＋模擬試験＋確認＝ドライ学習法で攻略！

　本書は、最短合格を可能にするため、3級の知識体系を一から解説するのではなく、頻出テーマに絞って構成しています。また、データに関する知識や計算問題が出てくる手法分野から解説を始めるのではなく、実務により近く用語の理解が問われる実践分野から開始することで、読者が苦手意識をできるだけ持たずに読み進められるよう工夫しています。

　「会社から3級に合格するように言われているものの、業務が忙しく試験日まで時間がない……」「勉強が好きではないのでなるべく負担をかけずに合格したい……」という方も多いのではないでしょうか。

　本書では、次の3ステップでの学習方法を提案します。もちろん、必ずこの方法で学習する必要はありません。試験まで時間のある方、必要な内容をしっかり理解して合格したい方は各ステップに十分な時間をかけて、より確実に合格を目指すとよいでしょう。

1 問題を解きながら集中して最後まで読む

すでに知識のあるテーマは読まなくても構いません。知識のある方は練習問題から解き始めて、わからない部分だけ本文で確認していきましょう。

時間がなく、最短合格を目指している方は、集中して解説を最初から読み、練習問題を解きながら読み進めるようにしてください。本文で解説した知識をすぐに確認・定着できるよう練習問題を豊富に配置しているため、効率的な学習が可能となっています。

2 模擬試験にチャレンジして間違えたところを復習

本書の第9章には106問90分の本試験を想定した模擬試験を収録しています。試験の重要論点をカバーするよう厳選して出題していますので、間違えたり理解不足のテーマがあったりすれば、すぐに該当するページに戻って復習しましょう。時間のある方は試験直前にもう一度解いてみましょう。

3 用語集や理解不足のテーマ、間違えた問題を最終確認

最後は試験直前の最終チェックです。巻末の用語集や自分が十分に理解できていないと思うテーマ、これまで間違えた練習問題や模擬試験の問題を確認して試験本番に臨みましょう。

❸ 合格すれば2級にチャレンジ！

みごと3級に合格した場合には、2級にもチャレンジしてみるとよいでしょう。2級に求められる知識と能力は、職場における品質に関連した問題について、QC7つ道具や新QC7つ道具を含んだ統計的な手法を活用し、**自らが中心となって解決や改善を自立的に実施することができるレベル**です。

3級では支援や指導を受けながら品質管理の問題を解決できる知識と能力が求められていましたが、2級の合格者には品質管理におけるリーダーとしての役割を果たすことが期待されています。

2級の合格基準は3級と同様ですが、右表のように新しい統計的手法に関する知識が問われたり、3級よりも各テーマについて、実務レベルでのより深い理解が求められたりするなど、難易度が上昇しています（実務レベル ＞ 用語の定義と考え方 ＞ 用語の知識）。合格率は25％程度と3級よりはかなり難しくなりますが、誰でも努力して対策を行えば十分合格できるレベルです。

● 2級で必要となる知識・能力

手法編	実践編
● 新 QC7 つ道具に関する実務レベルの理解	● 品質の概念の実務レベルの理解
● 正規分布や二項分布の実務レベルの理解	● 品質保証における新製品開発やプロセス保証上の用語の定義と考え方の理解
● ポアソン分布、期待値と分散などに関する実務レベルの理解	● 品質経営の要素における機能別管理の用語の知識、診断・監査の用語の定義と考え方の理解
● 管理図の実務レベルの理解	● 倫理／社会的責任・品質管理周辺の実践活動における用語の知識
● 計量値・計数値データに基づく検定と推定、抜取検査、実験計画法、単回帰分析、信頼性工学など 3 級では出題されなかった分野の理解	

目次

第1章　品質管理の実践分野　　13

第2章　データの取り方・まとめ方　　73

〈執筆協力〉カイゼンベース

年間120万人が利用する人材教育に関わる悩みを解決するための法人向け会員ウェブサービス。"現場力向上・カイゼン"に特化し、製造業を始めとした"現場"を持つ企業に欠かせない人材教育ツールとして活用されている。ものづくり経営コンサルタントの藤澤俊明が運営している。https://www.kaizen-base.com/

〈サポートページのご案内〉
KADOKAWAの書籍ウェブサイト
書籍の新刊や正誤表など最新情報を随時更新しています。
https://www.kadokawa.co.jp/

〈ご注意〉
・本書は2020年4月時点での情報に基づいて執筆・編集を行っています。刊行後の制度変更により、書籍内容と異なる場合があります。あらかじめご留意ください。
・本書の記述は、著者および株式会社KADOKAWAの見解に基づいています。

第 1 章

品質管理の実践分野

　この章では過去の出題傾向を踏まえ、出題範囲が記載された「品質管理検定レベル表」にある「QC的ものの見方・考え方」「品質の概念」「管理の方法」「品質保証」「品質経営の要素」の5項目について、用語に重点を置きながら解説していきます。いずれも、企業の現場において、品質管理を実践していくうえで必要不可欠となる知識です。

1 QC的ものの見方・考え方

品質第一主義は「お客様ありき」の発想

(1) 品質第一

　企業が永続的に収益を確保し、成長を持続していくための指針を**経営戦略**といいます。経営戦略を展開していくうえで、**品質第一主義**は、各企業が置かれている競争的環境において、企業が取るべき1つの考え方を示しています。

　経営戦略には新製品戦略、価格戦略などが存在しますが、なかでも**品質第一主義では、商品やサービスの品質に最も価値を置いています。**

　QC検定で過去に出された問題では、「企業には、需要の3要素である品質（Q）、コスト（C）、納期（D）があるが、これらすべての要素の中で、特に品質（Q）を最優先に考えて、お客様第一に、製品やサービスを提供する活動をしていけば、コスト（C）の低減、納期（D）の厳守に結びつく」と説明されています（注：QはQuality、CはCost、DはDeliveryの頭文字）。

(2) マーケット・インとプロダクト・アウト

　マーケット・イン（消費者志向）とは、生産や販売を行う側が、市場の消費者ニーズを把握・分析し、消費者の期待に応えるような商品を市場に提供することです。自社の都合で販売・生産を行うのではなく、「はじめに顧客ありき」の考え方に基づいて、消費者サイドの視点から多様化・複雑化している市場のニーズに即時に対応していく考え方です。

　一方、**プロダクト・アウト（生産者志向）**とは、企業が自社の販売・生産計画に基づいて、市場に製品やサービスを投入することです。かつて物が不足していた時代には「作りさえすれば売れた」ことから、大量生産・大量販売が主流でしたが、消費者ニーズが多様化した現在では現実的とはいえない考え方です。

攻略のツボ！

試験対策上、マーケット・インとプロダクト・アウトは、対義語として覚えましょう。

(3) 後工程はお客様

お客様が望んでいる製品やサービス、あるいは期待以上の優れた品質を継続的に提供することは、企業戦略の重要な一部分です。これら**顧客満足**を最重要視する考え方は、顧客志向やマーケット・インと呼ばれています。

これらの考え方は、企業内でも発揮することができます。自分が担当する仕事の後を引きつぐ次の工程を「**後（あと）工程**」と呼びますが、後工程が自分の「顧客」にもなるといった考え方を**後工程はお客様**といいます。

これは、「次の工程の人に満足してもらえる仕事をする」という考え方で全員が仕事をすれば、おのずとよい結果に結び付くという考えに基づいています。

図表1-1　「後工程はお客様」を徹底すれば、よい結果に結びつく

(4) 重点指向

品質管理活動を行う場合、すべての問題に対して改善策を打つのは、効率的ではありません。なぜなら、人・モノ・資金などの経営資源は限られているからです。効率的に効果をあげていくためには、**優先順位を明確にしたうえで効果の大きいものを特定し、そこに経営資源を集中的に投入**する必要があります。

目標を達成するために、結果に及ぼす影響を調査・予測し、効果が大きく優先順位が高いものに集中的に取り組むことを**重点指向**といいます。重点指向で取組みを進めていくことで、部分最適ではなく全体最適な視点から取り組むことが可能となります。

なお、部分最適とは、全体の一部の組織だけが最適な状態のことを指します。仕事においては、部分最適を追求するだけでは全体最適にはなりません。

例として、工場はモノをつくることだけを考えて、設備投資・生産能力をアップしても営業が注文をとらないと売れ残り、廃棄したりします。反対に、営業が注文をたくさんとってきても、工場に作る力がなければ、納期クレームで顧客に迷惑をかけます。よって、会社として工場、営業を含めた組織全体としてコスト、納期、原価の面から優先順位を付けて取り組むことが全体最適の視点の考え方となります。

第3章で説明しますが、この重点指向を実践するうえで活躍するQC7つ道具として、パレート図（96ページ）があります。

練習問題

Q1 次の文章において、□□□□内に入る最も関連の深い語句を次の選択肢から選べ。ただし、各選択肢を複数回用いることはない。

(1) 特に品質を最優先に考えて、お客様第一の考え方で製品やサービスを提供することを ① という。品質至上とも呼ばれる。

(2) 「顧客の要求事項が満たされている程度に関する顧客の受けとめ方のこと」を ② という。

(3) ③ とは、市場における消費者のニーズを十分にくみ上げ、生産する側が消費者の期待に応えるような商品を市場に提供していく考え方である。一方、 ④ とは、企業が自社の販売・生産計画に基づいて、市場へ製品やサービスを投入することで、生産者の立場を優先した考え方をいう。

(4) 部分最適でなく、全体最適という観点を持つ考え方を ⑤ という。

(5) 自分の仕事を受け取る立場の相手のことを考えて仕事をする考え方のことを ⑥ という。

【選択肢】 ア．マーケット・イン　　イ．顧客満足　　ウ．品質第一
エ．後工程はお客様　　オ．プロダクト・アウト　　カ．重点指向

解答・解説

A1　　①ウ　　②イ　　③ア　　④オ　　⑤カ　　⑥エ

(1) **品質第一**は、経営戦略において品質を最優先に考えることで、お客様第一の考え方で製品やサービスを提供することをいいます。

(2) **顧客満足**とは、顧客の要求事項が満たされている程度に関する顧客の受けとめ方のことを指します。

(3) **マーケット・イン**は、消費者のニーズを十分にくみ上げ、生産側が消費者

の期待に応えるような商品を市場に提供していく考え方をいいます。一方、プロダクト・アウトとは、自社の販売・生産計画に基づいて製品やサービスを投入することで、生産者の立場を優先した考え方をいいます。

(4) **重点指向**とは、部分最適でなく全体最適という観点を持つ考え方をいいます。

(5) **後工程はお客様**は、後に仕事をする人のことを考えて自分の仕事をすることを表しています。

(5) プロセス重視

製品の品質を常に優れたものとしていくためには、生産の「プロセス（過程）」に着目することが重要です。この考え方を**プロセス重視**といいます。プロセスとは、「インプットを使用して意図した結果（アウトプット、製品またはサービス）を生み出す、**相互に関連するまたは相互に作用する一連の活動**」（JIS Q 9000：2015）と定義されています。

商品やサービスの結果がよくない場合には、その結果を生み出しているプロセスに問題があると考えられます。**問題を解消するためには、「品質は工程で造りこむ」という考え方が重要**になります。設計・部品・原材料・製造工程などの途中のプロセスや仕事のやり方に着目して管理し、改善させていく**プロセス管理**が必要なのです。

(6) 特性と要因、因果関係

品質管理においては、品質管理項目として「結果系」と「原因系」に分けて考えることが大事です。**結果系**とは、工程の結果として生まれる中間製品や製品自体の品質特性のことです。**原因系**とは、工程において品質のばらつきに影響を与える要素のことです。

結果系を表す項目を**特性**といい、結果にばらつきを与えている原因系を**要因**といいます。

例えば、製品がタオルの場合、結果系では、タオルの品質特性である弾力や色合い、柔らかさ、軽さなどが挙げられます。一方、原因系では、4Mと呼ばれる視点から見ると、人（Man）の技量、機械（Machine）の精度のばらつき、材料（Material）の品質のばらつき、方法（Method）の違いなどが挙げられます。

これら結果と原因との因果関係を系統的に表した図として、**特性要因図**（102ページ）があります。

図表1-2　因果関係の概念図

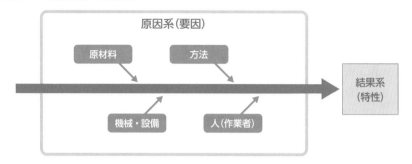

攻略のツボ！

品質管理では、特性に影響を及ぼす要因の管理を重視しています。品質という結果は、プロセスで決まるのです。

(7) 応急対策、再発防止、未然防止

❶ 応急対策

　工程や製品に異常が発生した場合、早急に対処しなければなりません。この場合に行われる処理を**応急対策**といいます。また、同じ原因によって工程や製品に異常が再発しないように取る対策を**再発防止対策**といいます。

❷ 再発防止

　再発防止は「問題の原因または原因の影響を除去して、再発しないようにする処置。また、**再発防止には是正処置、予防処置が含まれる**」と定義されています（JIS Q 9024：2003）。

　また、再発防止に含まれる**是正処置**については、「組織は、再発防止のため、時宜を得て、製品・サービスおよび品質マネジメントシステムに関する**不適合またはその他の望ましくない状況の原因を除去する処置をとることを確実にすることが望ましい。**組織は、次の事項を含む手順を確立し、実施し、維持することが望ましい」(JIS Q 9005：2014) と説明されています。

　その手順は、次のとおりとなります。

是正処置の手順

① 不適合またはその他の望ましくない状況の内容を確認する

② 不適合またはその他の望ましくない状況の真の原因を特定する

③ 再発防止を確実にする処置の必要性を評価する

④ 必要な処置の決定・実施

⑤ その処置の結果の記録

⑥ 是正処置において実施した活動のレビュー

予防処置については、「組織は、製品・サービスおよび品質マネジメントシステムに関する**起こり得る不適合またはその他の望ましくない起こり得る状況が発生することを防止するために、その原因を除去する処置を決めることが望ましい。**組織は、次の事項を含む手順を確立し、実施し、維持することが望ましい」(JIS Q 9005：2014) と説明されており、その手順は、次のとおりです。

予防処置の手順

① 起こり得る不適合またはその他の望ましくない起こり得る状況およびその原因を特定する

② 不適合またはその他の望ましくない起こり得る状況の発生を予防するための処置の必要性を評価する

③ 必要な処置の決定・実施

④ その処置の結果の記録

⑤ 予防処置において実施した活動のレビュー

❸ 未然防止

未然防止とは、「活動および作業の実施に伴って**発生すると予想される問題をあらかじめ計画段階で洗い出し、それに対する対策を講じておく活動**」であり、未然防止のためには、「過去に発生した問題を収集および整理し、その背後にある共通性を明らかにすること、これらの共通性を活用し、類似の問題の発生を予測することが有効である」(JIS Q 9027：2018) とされています。事故やミスを生じさせないようあらかじめ講じる措置例として、「ポカヨケ」「フェールセーフ」といった方法があります。

ポカヨケ（フールプルーフ）は、工場などの製造ラインに設置される作業ミスを防止する仕組みや装置のことをいいます。**フェールセーフ**とは、故障や操作ミス、設計上の不具合などの障害が発生することをあらかじめ想定し、起き

た際の被害を最小限に留める工夫をしておく設計思想のことをいいます。

(8) 源流管理

　工程で異常が発生した場合、その工程で異常対策を取るのは当然のことですが、原因を突き止めない限り、異常は再発する可能性があります。**源流管理**とは、「真の原因がどこにあるのか」を川の流れに例えて前工程（源流）へとさかのぼり、**真の原因を突き止め、改善・管理すること**をいいます。

　例えば、最終工程の組立工程において製品に不具合が起きた場合、不具合品の対策処置を取り、さらに再発防止のために原因を究明して歯止めをかけることが必要となります。異常の原因は、前工程における加工工程の機械によるものなのか、それよりも前の設計段階における部品図面のミスなのかなどを追及しなければなりません。

図表1-3　源流管理の考え方

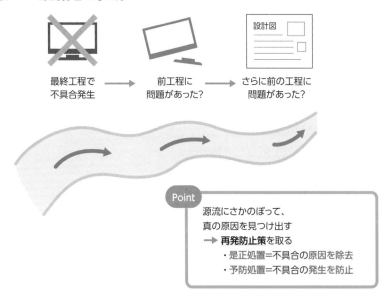

最終工程で　　　前工程に　　　　さらに前の工程に
不具合発生　　　問題があった？　　問題があった？

Point

源流にさかのぼって、
真の原因を見つけ出す
→ **再発防止策**を取る
　・是正処置＝不具合の原因を除去
　・予防処置＝不具合の発生を防止

(9) QCD + PSME

　品質（Quality）、コスト（Cost）、納期（Delivery）の3つの頭文字「QCD」を取って**需要の3要素**といいます。これを広義の品質ということもあります。

さらに、生産性（Productivity）、安全性（Safety）、モラール・士気・やる気（Morale）、環境（Environment）を加えて **QCD + PSME** とし、品質の管理項目とする場合もあります。

図表1-4　需要の3要素

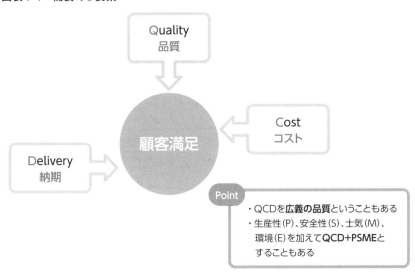

Quality
品質

Cost
コスト

顧客満足

Delivery
納期

Point
・QCDを**広義の品質**ということもある
・生産性(P)、安全性(S)、士気(M)、
　環境(E)を加えて**QCD+PSME**と
　することもある

攻略のツボ！

顧客満足度（CS）を高めていくためには、QCD + PSME を管理することが必要となります。

(10) 事実に基づく管理

❶ 事実に基づく判断

品質管理において適切に判断を行い、行動へつなげていくためには「事実」を重視することが必要です。そのためには、**目的に応じて、事実を客観的に把握できるデータを取る**ことが欠かせません。それによって、間違った判断を減らすことができます。

一方、事実に基づく判断の対義語として、KKD という語句があります。日本語の「勘、経験、度胸」をアルファベットで書いたときの頭文字を並べたも

のです。問題が発生したときに、事実を重視せず KKD のみに頼って問題を処理することを指しています。

❷ 三現主義

問題解決・改善を進めていくうえでは、**三現主義**の考え方も重要です。

三現主義とは、**現場・現物・現実**のそれぞれの頭文字を取ったものです。問題が発生した場合、机上で考えて対処しようとせず、まず**「現場」に足を運び、「現物」を自分の目で確認し、「現実」的に解決・改善に取り組む**という意味です。

三現主義は、「場を見る」「物を見る」「実を見る」ことだといえます。

攻略のツボ！
三原主義に「原理（根本となる仕組み）」「原則（多くに当てはまる基本的な規則や法則）」を加えて、5ゲン主義ということもあります。現場を漫然と見るだけでなく、基準をもって物事を見ようということです。

練習問題

Q2 次の再発防止に関する文章①～⑦について、正しいものには○印を、誤っているものには×印を付けよ。

① 工程で不適合品が発生したので、手直しで修正して製品とした。その後、現状維持で生産を継続しているが、不適合品が発生していないため、再発防止ができたと考えてよい。

② 工程で不適合品が発生した。三現主義に基づき、原因を徹底調査することが再発防止策では有効となる。

③ 同じ原因による不適合品を発生させないようにすることは、再発防止の基本的な考え方である。

④ 再発防止には是正処置、予防処置の2つが含まれる。

⑤ 工程で不適合品が発生した。調査した結果、作業標準の記載表現があいまいであったことによる作業ミスだとわかった。そこで、作業標準の手順を図などを用いて誰もが同じ手順でできるよう見直し、改訂したことは再発防止策として有効である。

⑥ 事実に基づく判断の対語として、KKD という語句がある。これは、勘、経験、度胸の頭文字に由来している。

⑦ 三現主義とは、現場・現物・現時点の頭文字を取ったものである。

Q3 事実に基づく管理に関する次の文章において、￼内に入る最も関連の深い語句を下の選択肢から選べ。ただし、各選択肢を複数回用いることはない。

(1) 事実に基づく管理を進めていくうえでは、過去の勘や経験のみに頼るのでなく、事実を　①　に把握するように　②　を取ることが重要である。

(2) 問題解決・改善を進めていくうえでは、「三現主義」といった考え方も重要である。三現主義とは、　③　で　④　を確認し、起きている　⑤　を目で見て事実を知るといったことを指す。

【選択肢】　ア．データ　　イ．現場　　ウ．客観的　　エ．現物　　オ．現実
　　　　　　カ．主観的

解答・解説

A2　①× ②○ ③○ ④○ ⑤○ ⑥○ ⑦×
① 問題の原因または原因の影響を除去して、再発しないようにする処置を行っていないため、×となります。
⑦ 三現主義は、現場・現物・現実の頭文字に由来しています。

A3　①ウ ②ア ③イ ④エ ⑤オ
(1) 品質管理においては、目的に応じて、事実を客観的に把握するようデータを取ることが、判断を誤らないために必要です。
(2) 三現主義とは、「現場・現物・現実的」の頭文字を取ったものです。

(11) 見える化

　見える化とは、**問題や課題、その他について明確にし、関係者全員が現状把握できるようにする**ことです。図や表、グラフにして可視化することを指す場合もあります。組織内で情報を共有することにより、現場の問題などの早期発見・効率化・改善に役立てることが目的です。

(12) ばらつきの管理

❶ 品質特性と品質特性値

　品質を構成している要素（特性）のことを**品質特性**といいます。例えば、消しゴムの品質特性にはゴムの硬さ、消しやすさなどが挙げられます。

　この品質特性を表した数値を**品質特性値**といいます。工程において、人・機械・材料・方法が同一でも、出来上がってくる製品の品質特性値には**ばらつき**が発生することがあります。

❷ ばらつき

　ばらつきは、次の2つに分類できます。

❶偶然原因によるばらつき

　「やむを得ないばらつき」ともいいます。これは、同じ条件で生産しても製品の品質特性値により生じてしまうばらつきのことで、**現在の技術レベルでは許容せざるを得ない原因**によります。こうした原因を**偶然原因**、「突き止められない原因」といいます。

❷異常原因によるばらつき

　作業者が手順を守らなかったなど、**工程に異常があった場合に生じるばらつき**です。生産条件が変わったために発生したものであり、見逃すことはできません。改善の対象となります。**異常原因**は「突き止められる原因」ともいいます。

　全体のばらつきを「偶然原因によるばらつき」と「異常原因によるばらつき」とに分離し、前者のばらつきは受け入れ、後者の何らかの異常原因によるばらつきについては改善し、工程を管理することが重要です。

図表1-5　ばらつきの種類

偶然原因によるばらつき	異常原因によるばらつき
・現在の技術レベルでは許容せざるを得ない原因による ・「やむを得ないばらつき」ともいう ・偶然原因は「突き止められない原因」ともいう	・工程に異常があった場合に生じる ・見逃すことはできない、改善対象 ・異常原因は「突き止められる原因」ともいう

　工程を管理する手法として、**管理図**があります。管理図では、偶然原因によるばらつきと異常原因によるばらつきを区別することができるため、異常を発見することができます。管理図の作成や見方については、第6章（160ページ）を参照してください。

攻略のツボ！
異常原因によるばらつきが取り除かれ、偶然原因のばらつきのみが生じている状況を統計的管理状態といいます。

練習問題

Q4　ばらつきの管理に関する次の文章において、[　　　]内に入る最も関連の深い語句を下の選択肢から選べ。ただし、各選択肢を複数回用いることはない。

　工程において、生産条件が同じ環境下にあっても、出来上がってくる製品にはばらつきが起こります。

　このばらつきは、次の2つの原因に分類できます。

　現状の技術レベルでは、受け入れざるを得ないばらつきを「[　①　]」といい、ばらつきを生じさせる原因を「突き止められない原因」や「[　②　]によるばらつき」などと呼んでいます。

　一方、工程に異常が起こった場合に発生する見逃すことができないばらつきは、改善の対象とします。このばらつきを生じさせる原因を「突き止められる原因」や「[　③　]によるばらつき」などと呼んでいます。

　[　③　]によるばらつきは取り除かれ、[　②　]によるばらつきのみが生じている状況を、安定状態または[　④　]管理状態と呼んでいます。

【選択肢】　ア. 偶然原因　　イ. 統計的　　　ウ. 異常原因
　　　　　　エ. やむを得ないばらつき　　オ. 総合的な　　カ. 視覚的

解答・解説

A4　　①エ　　②ア　　③ウ　　④イ

現状の技術レベルでは、受け入れざるを得ないばらつきを「やむを得ないばらつき」といい、ばらつきを生じさせる原因を「突き止められない原因」や「偶然原因によるばらつき」などと呼んでいます。

一方、工程に異常が起こった場合に発生する見逃すことができないばらつきは、改善の対象とします。このばらつきを生じさせる原因を「突き止められる原因」や「異常原因によるばらつき」などと呼んでいます。

異常原因によるばらつきは取り除かれ、偶然原因によるばらつきのみが生じている状況を、安定状態または統計的管理状態と呼んでいます。

(13) 全部門、全員参加 (TQM)

❶ 全部門、全員参加 (TQM) とは？

TQM（Total Quality Management：総合的品質管理）は、全社を挙げて全体的な品質の向上をめざす経営管理手法の1つです。顧客の満足を通じて組織の構成員と社会の利益を目的とする、品質を中核にした構成員すべての参画が基礎となる経営の方法といわれています。

品質管理は戦後、アメリカから統計的手法による品質向上を目的としたSQC（Statistical Quality Control）として導入されました。その後、日本の企業は品質を優先する意識を高めていき、QCサークル活動など、日本独自の展開を見せてきました。

そして、さらに、「顧客に満足される品質の製品を作るためには、全社的な取り組みが必要である」という考え方から、品質管理を活用・推進する体制づくりや仕組み・ノウハウなどを取り入れることで、企業全体で品質を向上させていくTQC（Total Quality Control）＝全社的品質管理へと発展していったのです。

トップから一般社員まで全部門、全員参加で、顧客と社会のニーズに応える

品質のサービス・製品を効率的に提供することを原則としています。

❷ TQM の推進

現在、TQC はその活動の広がりにより、「コントロール」から「マネジメント」という、より幅広い表現に改められ、TQM として進展しています。

TQM 推進には、一般的に品質管理部門や品質保証部門が業務に当たります。その場合には、TQM の推進に加えて、製品検査やお客様からのクレーム処理などを担当する場合が多くなります。

また、TQM 計画に沿って推進できるように、方針管理（56 ページ）を導入して展開することが必要です。

TQM の取組状況については、経営者や経営幹部自らがリーダーシップを取り、現状の取組水準の確認・調査を行います。現場の実情を経営トップ層がしっかりと把握し、今後の方向性付けを行うとともに、計画へ落とし込むことが求められるのです。

練習問題

Q5 TQM に関する次の文章 (1) 〜 (3) において、空欄①〜③に入る最も関連の深い語句を下の選択肢から選べ。ただし、各選択肢を複数回用いることはない。

(1) TQM 推進部門は、一般的に品質管理部門、品質保証部門が業務に当たることが多い。その場合には、TQM の推進に加えて製品の検査や、お客様からの ① などを担当する場合が多い。

(2) TQM 計画を推進するにあたっては、方針に基づき推進するために ② を導入し、展開する。

(3) TQM の取組状況については、 ③ を行い、進捗状況の確認および差異分析と今後の方向付けを行う。

【選択肢】 ア．経営トップ診断 　イ．方針管理 　ウ．統計的手法
エ．クレーム処理 　オ．再発防止策

A5 　①エ　②イ　③ア

（1）TQM 推進部門は、一般的に品質管理部門、品質保証部門が業務に当たることが多い。その場合には、TQM の推進に加えて製品の検査や、お客様から の**クレーム処理**などを担当する場合が多い。

（2）TQM 計画を推進するにあたっては、方針に基づき推進するために**方針管理**を導入し、展開する。

（3）TQM の取組状況については、**経営トップ診断**を行い、進捗状況の確認および差異分析と今後の方向付けを行う。

---

2 品質の概念

品質とは「特性の集まりが要求事項を満たす程度」のこと

　QC 検定は、品質管理の実践に必要な知識を問う試験ですが、そもそも「品質」とは何でしょうか？　ここでは、品質に関する考え方を見ていきましょう。

(1) 品質の定義

❶ 品質とは

　品質とは「**対象に本来備わっている特性の集まりが、要求事項を満たす程度**」（JIS Q 9000：2015）とされています。さらに、注記として、「『品質』は悪い、良い、優れたなどの形容詞とともに使われることがある。また、『本来備わっている』とは、『付与された』とは異なり、そのものが存在しているかぎり、もっている特性を意味する」と示されています。

❷ 品質要素と要求品質

　品質要素とは、品質を構成している性質、性能に分解し、分解された個々の性質、性能のことをいいます。

　また、**要求品質**とは、「製品に対する要求事項の中で、品質に関するもの」（JIS

Q 9025：2003）と定義されています。要求品質には、顧客から顕在的・潜在的に求められている品質も含まれています。

(2) ねらいの品質とできばえの品質

ねらいの品質とは、設計図、製品仕様書などに定められ、**製造の目標として想定した品質**のことです。設計品質とも呼ばれています。設計品質の良し悪しについては、「製品仕様が顧客の要求にどれだけ合致しているか」で決められます。

できばえの品質とは、設計品質を**実際に製品として製造した際の品質**で、製造品質、適合品質とも呼ばれます。製造品質の良し悪しについては、「設計品質として要求された品質特性値にどれだけ合致しているか」で定められます。

(3) 品質特性、代用特性

品質特性とは、「**要求事項に関連する、対象に本来備わっている特性**」（JIS Q 9000：2015）と定義されています。

また、要求される品質特性を直接測定することが困難な場合、その代用として用いる品質特性のことを**代用特性**といいます。例えば、「工場における快適な作業環境」は直接測定することができないため、明るさを示す照度や気温などの代わりとなる物理的な特性値で評価を行います。

(4) 当たり前品質と魅力的品質

当たり前品質とは、製品に当たり前に求められる必要最低限の品質です。満たされないと不満だったり、充足されても特にうれしくなかったりします。

一方、**魅力的品質**とは、充足されなくても不満はないものの、充足されるとうれしい品質要素から成ります。製品に、**必要な要素を超える付加価値を付けることで、顧客満足が向上**します。

例えば、バッグを買ったとき、傷や汚れなどがないことは、当然求められる品質です（当たり前品質）。一方、そのバッグにポーチなどのおまけが付いていたり、保証期間が通常の5倍の5年間だったりというように、通常よりも魅力があると感じる要素が付与されていることで、お客様の満足度は向上します（魅力的品質）。

図表1-6　顧客の立場から分類した品質要素 (狩野モデル)

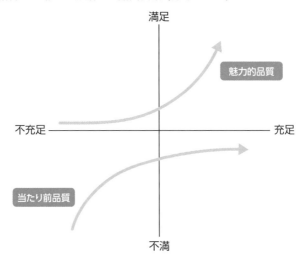

(5) サービスの品質と仕事の品質

　製品のモノとしての品質を**ハードの品質**とすると、アフターサービスなどのサービスの品質は**ソフトの品質**と対応付けることができます。

　ソフトの品質には、企業の中でモノづくりには直接関与していない間接部門（例：人事部、総務部）であっても、次工程にアウトプットを提供することになるため、自分達が担当している仕事の質がソフトの品質に該当します。

(6) 社会的品質

　社会的品質とは、商品が社会や環境に及ぼす影響の質をいいます。社会的品質を見るための代表的な項目としては、工場廃棄物、騒音、資源のリサイクル度合いなどが挙げられます。

攻略のツボ！

ねらいの品質とできばえの品質を対比して覚えておきましょう。また、当たり前品質と魅力的品質の違いを理解しておくことが必要です。

(7) 顧客満足（CS）

顧客満足（Customer Satisfaction：CS）は、「**顧客の期待が満たされている程度に関する顧客の受け止め方**」（JIS Q 9000：2015）と定義されています。

顧客満足における**要求事項**とは、「明示されている、通常、暗黙のうちに了解されているもしくは義務として**要求されている、ニーズまたは期待**」をいい、顧客とは「製品を受け取る組織または人」と定義されています。客の例として、「消費者、依頼人、エンドユーザ、小売業者、受益者および購入者」が挙げられています。

練習問題

Q6 次の品質に関する文章①〜⑧について、正しいものには○印を、誤っているものには×印を付けよ。

① 設計品質とは、製品規格に品質特性について規格値などを具体的に示したものである。

② 設計品質は、ねらいの品質ともいう。

③ 製造品質とは、実際に製造されたものの品質で、設計のとおりに生産すれば作れる品質であり、できばえの品質ともいわれる。

④ 製造品質は、製造工程で造りこんだ品質が、設計品質に対してどの程度合致しているかを示すもので、合致品質ともいわれる。

⑤ 従来からの物の品質をハードの品質とすれば、サービスの品質はソフトの品質として対応付けることができる。

⑥ 当たり前品質とは、充足されなくても不満はないが、充足されるとうれしい品質要素をいう。

⑦ 魅力的品質とは、充足されていないと不満であり、充足されてもうれしくない品質要素をいう。

⑧ 企業の中で直接にモノづくりに関与していない、いわゆる間接部門は、製品品質とは無関係とされる。

解答・解説

A6　①○　②○　③○　④×　⑤○　⑥×
　　　⑦×　⑧×

④「合致品質」ではなく、「適合品質」にすれば正解となります。

⑥ **当たり前品質**とは、充足されないと不満であり、充足されてもうれしくない製品に求められる必要最低限の品質要素のことをいいます。

⑦ **魅力的品質**とは、充足されなくても不満はないが、充足されるとうれしい品質要素をいいます。

⑧ 企業の中で直接にモノづくりに関与していない、いわゆる間接部門においても次工程にアウトプットを提供するために、自分達が担当する仕事の質についても品質に該当します。

---

3 管理の方法　でる度 ★★★

品質を継続的に向上させていく管理手法を押さえよう

(1) 維持管理と改善

生産活動において日々行われる管理活動には、現状の水準を維持管理する活動と、さらに高い水準を目指した改善活動があります。

維持管理とは、水準幅を設定し、**水準から外れないようコントロール**し、また、外れた場合でもすぐに元に戻せるようにする管理活動をいいます。

一方、**改善**とは、水準を現状より高いレベルに設定して、高い水準を達成するための問題または課題を特定し、**問題解決または課題達成を繰り返す**活動です。

技術レベルを向上させるには、次の図のように、「標準化→管理→改善→標準化→管理→改善・・・」というステップをくり返しながら段階的に進めていく必要があります。

図表1-7　管理と改善

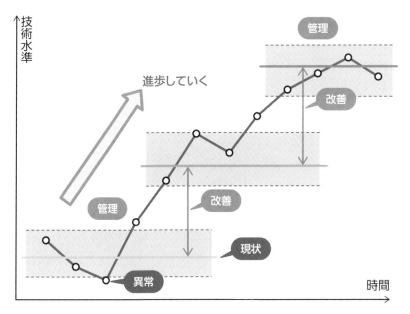

(2) PDCA、SDCA、PDCAS

❶ PDCA サイクル

　PDCA サイクルは、ビジネスにおける管理手法の1つで、**Plan（計画）**、
Do（実施）、**Check（確認）**、**Action（処置）** という4ステップで構成されて
います。

　品質管理においても、このサイクルをスパイラル（らせん）状にくり返すこ
とにより、**継続的改善**を図っていくことが重要です。

図表1-8　PDCAサイクル

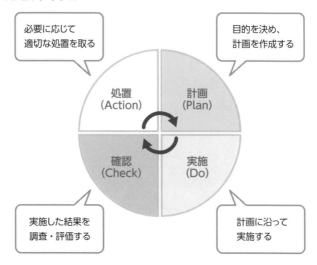

必要に応じて
適切な処置を取る

目的を決め、
計画を作成する

実施した結果を
調査・評価する

計画に沿って
実施する

処置
（Action）

計画
（Plan）

確認
（Check）

実施
（Do）

❷ SDCA サイクル

　日常業務では、改善により決まったルールや手順を確実に実施していかなければなりません。そのためには、ルールや手順を誰でも実施できるように、標準化することが大切となります。この標準化から始まるサイクルが、**SDCA**サイクルです。**Standardize（標準化）、Do（実行）、Check（確認）、Action（処置）** の4つで構成されています。

　SDCAサイクルでは、標準化（S）されたことを実行（D）し、その結果を確認（C）しますが、もし標準化されたルールや手順に不足があれば、追加や変更などの処置（A）をします。このサイクルを日常業務で回しながら、管理のレベルを上げていくことが求められるのです。

　以上のことから、PDCAサイクルは改善のサイクル、SDCAは管理のサイクルと呼ばれており、2つのサイクルを両輪として継続的に回していくことが大切です。

図表1-9　SDCAサイクル

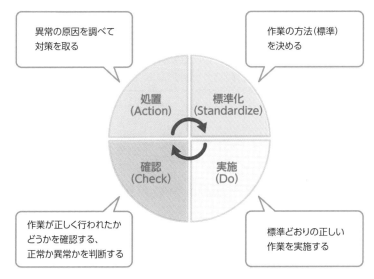

異常の原因を調べて
対策を取る

作業の方法(標準)
を決める

処置
(Action)

標準化
(Standardize)

確認
(Check)

実施
(Do)

作業が正しく行われたか
どうかを確認する、
正常か異常かを判断する

標準どおりの正しい
作業を実施する

❸ PDCAS

　PDCASとは、PDCAの後にStandardizeを加え、サイクルが後戻りしてしまわないようにしたものです。**実行後に標準化を行うことが重要**だといえます。

(3) 継続的改善、問題と課題

　継続的改善とは、「問題または課題を特定し、問題解決または課題達成を繰り返し行う改善」(JIS Q 9024：2003)をいい、問題・課題の特定とそれらの解決・特定を繰り返し行って品質を向上させることです。

　また、同JISにおいて、**問題**とは「設定してある目標と現実との、**対策して克服する必要のあるギャップ**」、**課題**とは「設定しようとする目標と現実との、**対処を必要とするギャップ**」であると定義されています。

　さらに、「問題解決」とは「問題に対して、原因を特定し、対策し、確認し、所要の処置を取る」一方で、「課題達成」とは「課題に対して、努力、技能をもって達成する活動」とされています。

(4) 問題解決型 QC ストーリーと 課題達成型 QC ストーリー

　QC ストーリーは、問題解決を正しく進め、確実に効果を出すために活用する問題解決ステップです。改善の場合、KKD（勘・経験・度胸）では効果的に問題を解決できません。勘が外れてしまうと、かえって問題を複雑にすることにもつながってしまいます。QC ストーリーに沿って進めることで、どのような問題に対しても正しいプロセスで成果が出せる可能性が高まります。

　問題解決型 QC ストーリーと**課題達成型 QC ストーリー**の 2 つが基本です。

図表1-10　問題解決型と課題達成型 QC ストーリーのイメージ

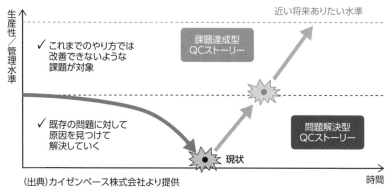

(出典)カイゼンベース株式会社より提供

❶ 問題解決型 QC ストーリー　～問題解決の手順

　問題が生じている場合に、それを解決していくための改善手順を示したもので、次の 8 つのステップで進められます。

ステップ1　テーマの選定

　問題点を洗い出して、問題を絞り込む。テーマを決定する。

ステップ2　現状の把握と目標値の設定

　データで現状を把握する。目標は数値で表す。「何を」「いつまで」「どれだけ」を明確にした活動計画書を作成する。

ステップ3　要因の解析

　特性要因図、連関図などを用いて要因を絞り込む。

ステップ4　対策の立案

　絞り込んだ各々の要因に対して対策案を洗い出す。

ステップ5　対策の実施

　対策を実施する。

ステップ6　効果の確認

　対策した結果の効果を確認する。

ステップ7　標準化と管理の定着（歯止め）

　効果のあった対策については標準の制定、改定を行う。関係部門へ周知徹底を図る。

ステップ8　反省と今後の対応

　活動の進め方などの反省を行い、次回の活動に活かす。

❷ 課題達成型 QC ストーリー　〜課題達成の手順

　現状をよりよくするために達成すべき目標が与えられた場合に、その目標を達成するために行う改善手順を示したものです。

　課題達成型 QC ストーリーでは、まず「ありたい姿」を明確にすることで、現状との差（ギャップ）を明確にし、そのギャップを埋めるために、重点的に何に取り組むかを決定します。

　ステップ6以降は、基本的に問題解決型 QC ストーリーと同様です。

ステップ1　テーマの選定

　問題点を洗い出して、重要問題を絞り込む。テーマを決定する。

ステップ2　攻めどころの設定と目標の設定

　ありたい姿を明確にする。ありたい姿と現状とのギャップを明確にする。「何を」「いつまで」「どれだけ」を明確にした活動計画書を作成する。

ステップ3　方策の立案

　方策案を洗い出す。

ステップ4　成功シナリオの追究

　ステップ3で立案された方策の中から「最適策」を抽出し、実行計画書を作成する。一般に、実行計画書は「成功シナリオ」としてまとめられる。

ステップ5　成功シナリオの実施

　成功シナリオを実施する。

ステップ6　効果の確認

　計画を実施した結果と、当初の目標を比較する。

ステップ7　標準化と管理の定着（歯止め）

　ステップ6をもとに、成功したシナリオを標準化し、効果の継続を図る。これが、「歯止め」といわれるフェーズとなる。

ステップ8　反省と今後の対応

　活動の進め方などの反省を行い、今後の対応について検討する。

攻略のツボ！

問題解決型 QC ストーリーでは現状の把握と要因の解析に重点が置かれている一方で、課題達成型 QC ストーリーでは攻めどころの設定とその方策の立案に重点が置かれています。

参考：JIS Q 9024：2003における定義

①問題	設定してある目標と現実との、対策して克服する必要のあるギャップ
②問題解決	問題に対して、原因を特定し、対策し、確認し、所要の処置を取る活動
③課題	設定しようとする目標と現実との、対処を必要とするギャップ
④課題達成	課題に対して、努力、技能をもって達成する活動
⑤要因	ある現象を引き起こす可能性のあるもの
⑥原因	要因のうち、ある現象を引き起こしているとして特定されたもの

練習問題

Q7　管理サイクルに関する次の文章について、正しいものには○印を、誤っているものには×印を付けよ。

　① PDCAとは、Plan（計画）、Do（実施）、Check（確認）、Action（処置）の4つで構成されたサイクルである。

　② SDCAとは、日常業務に重点を置いて PDCA を見直した手法で、

PDCA の P を Simple の頭文字である S に置き換えたものである。

Q8 次の文章は、問題解決型 QC ストーリーの展開ステップである。空欄
①～⑥に入る最も適切なものを下の選択肢から選べ。ただし、各選択
肢を複数回用いることはない。

ステップ1 　　①　　の選定
ステップ2 　　②　　と目標の設定
ステップ3 　　③　　の解析
ステップ4 　　④　　の立案
ステップ5 　　④　　の実施
ステップ6 　　⑤　　の確認
ステップ7 　　⑥　　と管理の定着（歯止め）
ステップ8 　反省と今後の対応

【選択肢】 ア.要因　　イ.対策　　ウ.効果　　エ.標準化　　オ.テーマ
カ.現状の把握

Q9 次の文章は、課題達成型 QC ストーリーの展開ステップである。空欄
①～④に入る最も適切なものを下の選択肢から選べ。ただし、各選択
肢を複数回用いることはない。

ステップ1 　テーマの選定
ステップ2 　　①　　と目標の設定
ステップ3 　　②　　の立案
ステップ4 　　③　　の追究
ステップ5 　　③　　の実施
ステップ6 　効果の確認
ステップ7 　標準化と　④　　の定着（歯止め）
ステップ8 　反省と今後の対応

【選択肢】 ア.方策　　イ.対策　　ウ.成功シナリオ　　エ.標準化
オ.攻めどころ　　カ.現状の把握　　キ.管理

Q10 次の文章①～③について、「問題解決型 QC ストーリー」と「課題達成型 QC ストーリー」のいずれの手順を使用することが一般的かを答えよ。

① 上司から今年になって増加しているヘコミ不良について、半減するように指示を受けたサークルリーダー

② 製造課長から、ライン停止につながっている設備故障をゼロにするようにという指示を受けた設備担当者

③ 部長から、外注先に移管する製品の品質レベルを 3 カ月以内に社内並みの品質レベルに持っていくようにと指示を受けた品質管理課長

解答・解説

A7　　①○　　②×

② S は、Simple ではなく、**Standardize（標準化）** を示しています。業務を標準化することで、生産する製品の品質や生産性を向上させることができます。

A8　　①オ　　②カ　　③ア　　④イ　　⑤ウ　　⑥エ
本文中の解説のとおりです。

A9　　①オ　　②ア　　③ウ　　④キ
本文中の解説のとおりです。

A10　　① 問題解決型 QC ストーリー　　② 問題解決型 QC ストーリー
　　　　③ 課題達成型 QC ストーリー

①「不良が昨年実績と比べて増加している」のが現状の問題です。「なぜ増加したのか」という問題点を追及し、解決することにより加工不良を昨年並みに低減させなければなりません。よって、正解は **問題解決型 QC ストーリー** です。

②「設備故障が発生している」という現状の問題を踏まえて、その原因を突き止めて設備故障をゼロにするようにという指示です。「問題解決型 QC ストーリー」が一般的となります。

③ 外注先に移管する製品の品質レベルを 3 カ月以内に社内並みのレベルに持っていくことが目指す姿です。現状に問題があるのではなく、今後の課題が与え

4 品質保証① 新製品開発

でる度 ★★★

顧客に確かな品質を届ける商品開発のポイント

(1) 品質保証とは

　品質保証とは、「**顧客および社会のニーズを満たすことを確実にし、確認し、実証するために、組織が行う体系的活動**」（JIS Q 9027：2018）と定義されています。

(2) 保証と補償

　保証とは、責任をもって「間違いがない」「大丈夫である」と認め、将来に向けて約束することを意味します。ですから、品質保証とは、品質について、現在から将来まで責任をもって請け合うことだと言い換えることができます。

　一方、**補償**とは「損害を埋め合わせて償うこと」を意味します。例えば、製造工程が造った製品について検査を行い、良い製品だけを顧客に届けようとすることを「保証する」といいます。しかし万が一、顧客に出荷した製品に不具合があり、それが原因で損失を生じさせてしまった場合、その損害を埋め合わせることを「補償する」といいます。

(3) 品質保証活動と品質保証体系図

　品質保証は、組織の一部門である、品質保証部門や品質管理部門だけで実現できることではなく、生産者全体で行う**体系的活動**に基づくものでなければなりません。各部門の果たすべき役割は、**品質保証体系図**を作成すると明確になります。

　次ページのような品質保証体系図では、縦軸に製品の開発から販売・アフターサービスまでのプロセスを、横軸に社内の各組織と顧客を配置し、図中に行う

べき業務をフローチャートで示します。さらに、フィードバック経路を入れることが一般的です。

図表1-11　「品質保証体系図」の具体的イメージ

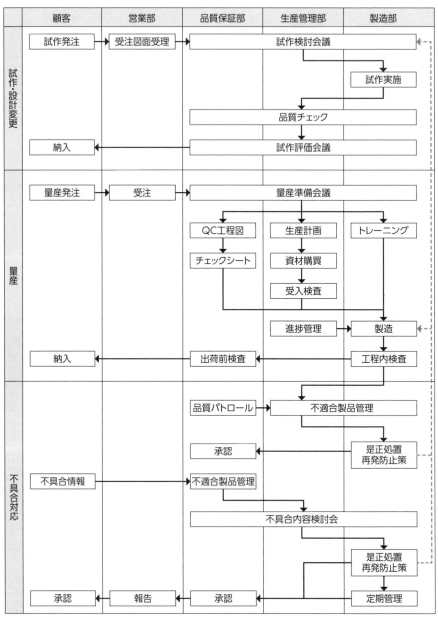

(出典)カイゼンベース株式会社より提供

　開発研究段階では、開発研究部門が**品質表**を作成し、新製品に対するユーザーの要求品質と品質特性との関連を明確にし、設計品質を定めることがポイントとなります。

　品質表は、JIS Q 9025（マネジメントシステムのパフォーマンス改善）では「要求品質展開表と品質特性展開表とによる二元表」と定義されています。要求品質展開表とは要求品質を、品質特性展開表とは品質特性を、それぞれ階層構造で表した展開表です。

　また、同 JIS では、「顧客の声を言語表現によって体系化し、これと品質特性との関連を表示し、要求品質を実現する品質設計に用いる」と解説されています。

図表1-12　100円ライターの品質表の例

品質特性展開表： 品質特性を階層構造で表した展開表

要求品質展開表： 要求品質を階層構造で表した展開表

要求品質	着火性	操作性	形状・大きさ	使用材質	重さ	耐風性	耐久性	調整レバー操作性	品質要求重要度
確実に火が付く	◎	○	△			○	○		5
着火しやすい	◎	◎	◎		△	△			5
火が消えにくい			△			◎			4
火の強さを調整できる		△	◎				○	◎	3
長時間使用できる		△	○	◎	◎		○		4
携帯しやすい			○	△	◎			△	3
やけどをしない		◎		◎	◎		△		5
幼い子供が使えない	△	◎						◎	5
デザインが良い			○	◎	△	◎			3
…									

（出典）カイゼンベース株式会社より提供

（4）品質機能展開

　JIS Q 9025 では、**品質機能展開**（Quality Function Deployment：**QFD**）とは「**製品に対する品質目標を実現するために、様々な変換および展開を用いる方法論**」と定義されています。

　変換とは「要素を、次元の異なる要素に、対応関係をつけて置き換える操作」、展開とは「要素を、順次変換の繰り返しによって、必要とする特性を定める操作」と定義されています。

（5）DR、FMEA、FTA

　設計時には、インプットすべき要求品質や設計仕様などの要求事項がもれなく織り込まれ、**品質目標を達成できる設計になっているか、チェック**する必要があります。これを **DR**（Design Review：デザインレビュー）、あるいは設計審査といいます。

　このときに、トラブルを予測し、未然防止を図るために活用されるのが **FMEA**（Failure Mode and Effect Analysis：**故障モード影響解析**）と **FTA**（Fault Tree Analysis：**故障の木解析**）です。

❶ FMEA

　設計段階で、品質問題の原因を事前に予測し、問題を予防する分析方法です。

図表1-13　懐中電灯のFMEAの例

製品名	機能	故障モード	故障影響	故障原因	影響度	発生頻度	検出難易度	致命度	対策
電池	電気を電球に供給する	電気の供給がなくなる	点灯しない／照度が低い	電池切れ	5	5	1	25	定期的に電池残量を確認する
		電気の流れが止まる	一時的に点滅する	電池内部の接触不良	3	2	4	24	交換用の電池を準備しておく
	…								
スイッチ	電池から電気の流れの供給・遮断を切り替える	接触不良で電気が付かなくなる	点灯しない／消灯しない	接触不良	5	2	3	30	定期的に分解し劣化合いの点検を行う
	…								
レンズ	…								
…	…								

（出典）カイゼンベース株式会社より提供

44

❷ FTA

　これも安全性・信頼性解析手法の1つです。システムに起こり得る望ましくない事象（特定の故障・事故）を想定し、その発生要因を上位のレベルから順次下位に展開して、最下位の問題事象の発生頻度から故障・事故の因果関係を明らかにする手法です。

図表1-14　FTAの具体例

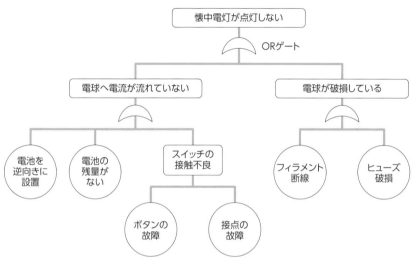

(出典)カイゼンベース株式会社より提供

（6）製品安全、製造物責任

　PL（Product Liability：製造物責任）とは、**製品の瑕疵が原因で生じた人的・物理的被害に対し、製造者が負うべき損害賠償責任**のことをいいます。これは無過失責任となり、故意・過失（ミス）がなかったとしても製造者が損害賠償の責任を負うことになります。

　製造業者が負うべき賠償責任を定めた法律を製造物責任（PL）法といいます。輸入業者についてもこの法律が適用されます。製造物責任法での製造物の欠陥には、「製造上の欠陥」「設計上の欠陥」「表示・警告上の欠陥」の3つがあります。

　また、製造物責任問題発生の予防に向けた活動を PLP（Product Liability

Prevention：**製造物責任予防**）といい、PLP の観点から、事故を予防するために安全な製品を造っていく活動を **PS**（Product Safety：**製品安全**）といいます。

そして、事故が発生した場合に、損害を最小限にとどめるための企業の事前・事後の活動を **PLD**（Product Liability Defense：**製造物責任防御**）といいます。

企業が市場に送り出す製品は、顧客が使用するうえで危険や危害などがなく製品のすべてのライフサイクルにわたって安全が確保されていることが、最優先で取り組むべき事項です。

(7) 苦情（クレーム）とその処理

苦情とは、JIS Q 10002：2019（品質マネジメント）では「製品もしくはサービスまたは苦情対応プロセスに関して、組織に対する不満足の表現であって、その対応または解決を、明示的または暗示的に期待しているもの」と定義されています。

一般的な苦情処理の手順を示します。

❶ 顧客の苦情内容を正確に把握する

例えば、顧客から「製品が壊れた」というクレームを受けたとします。その場合、自社の仕様書どおりの環境で使用していたのにもかかわらず壊れたのか、あるいは想定外の使用方法を取ったために発生したのかなど、まず状況について正確に把握することが大事です。

❷ スピーディーな応急処置

クレームは一歩対応を誤ると、企業イメージを悪化させ、企業の存続そのものを危うくしかねないほどの大きなダメージを被ることがあるので注意が必要です。

例えば、製品対応として、クレーム品の回収と代替品の提供が必要です。同じ製品を他の顧客へも販売している場合には、クレームが発生する前に自主的に回収に動かなければなりません。また、場合によっては、事件を報道するマスコミへも説明が求められます。マスコミに悪い印象を持たれてしまえば、報道により世間からの批判は大きくなってしまい、社会的な信用が失墜しかねません。決して隠蔽せずに、あいまいな言葉でごまかさず、しっかりと説明責任を果たしていくことが大切です。

❸ 原因究明と再発防止策

　クレームがあった製品・サービスだけでなく、他の顧客や他製品・サービスにも影響しないように、再発防止を図ります。

❹ 予防処置

　クレームに関する情報はデータベース化し、他の製品・サービスや今後の新製品・サービスにも活用して予防を図っていくことが重要です。

5 品質保証②　プロセス保証

 でる度 ★★☆

要求基準を満たす結果を生むようにプロセスを管理する

(1) 作業標準書

　作業標準書とはいわゆる作業マニュアルのことで、作業要領書、作業手順書、作業基準書などと呼ばれることもあります。

　作業標準とは、JIS Z 8002（標準化および関連活動－一般的な用語）では「作業の目的、作業条件（使用材料、設備・器具、作業環境など）、作業方法（安全の確保を含む）、作業結果の確認方法（品質、数量の自己点検など）などを示した標準」と定義されています。

　作業標準書は、作成して終わりではなく、標準通りの作業が確実に実施されるように、**実際に使用する従業員などに教育訓練を行う**必要があります。

(2) プロセス

　プロセスとは JIS Q 9000：2015 において、「インプットを使用して意図した結果（アウトプット、製品またはサービス）を生み出す、**相互に関連するまたは相互に作用する一連の活動**」と定義されています。これは具体的にどういうことを述べているのか、部門別に開発・設計から生産までのプロセスの例を見ながら考えてみましょう。

❶ 開発・設計部門におけるプロセス

顧客要求項目などをインプット情報として、図面などのアウトプットに変換する活動を行います。

❷ 調達・購買部門におけるプロセス

開発・設計部門のアウトプットである図面をインプットとし、アウトプットとして部品などに変換する活動を行います。

❸ 生産部門におけるプロセス

調達・購買部門のアウトプットである部品などをインプットとし、アウトプットとして製品に変換する活動を行います。

(3) QC 工程表とフローチャート

生産準備段階では、品質特性を工程で造りこむために、**QC 工程表**が用いられます。QC 工程表は、「フローチャート」「工程名」「管理項目」「管理水準」「帳票類」「データの収集」「測定方法」「使用する設備」「異常時の処置方法」など一連の情報をまとめて、工程管理の仕組みを表にしたものです。QC 工程図などとも呼ばれます。

フローチャートでは、JIS Z 8206（工程図記号）を用います。例えば、加工は○、貯蔵は▽、数量検査は□、品質検査は◇の記号で表されます。

図表1-15　QC工程表の例

記号	工程	設備等	管理項目	管理方法	頻度等	管理者
◇ ↓	アルミ 形材 受入	―	外観	目視	納入ロット毎	作業者
			形状	ノギス		作業者
			材質等	ミルシート等		管理 責任者
□ ▽	材料保管	材料倉庫	―	―	納入ロット毎	作業者
↓ ○ ◇ ↓	加工	油圧 プレス	外観	目視	各ロット毎に、 初品、中間、 最終抜取り検査	作業者
			加工深さ	ノギス		
			加工穴位置	直尺		
			寸法	JIS1級 鋼製巻尺		

(4) 工程異常

　工程異常とは、「**工程が管理状態にないこと**」であり、工程が見逃せない原因によって安定状態でなくなることをいいます。

　以下、工程に異常が発見された場合の処理手順を示します。

❶ 発生状況の把握

　工程で何が起きているのかなど、問題の把握を行います。

❷ 応急処置と原因調査

　異常が発生した場合は、上司に報告し直ちに設備（生産ライン）を止めることが大切です。

　また、設備を止めたときには、流出を防ぐため処理済みの製品と未処理の製品を識別（区別）しておくことが不可欠です。

そして、原因を取り除いたうえで、工程を正常な状態に戻します。

❸ 再発防止処置と効果の確認

　異常の発生原因を追究し、同じ原因による工程異常が再発することがないように対策を打ちます。また、その対策は効果があったのか、継続的にチェックしていくことが重要です。

❹ 関係標準の改訂と水平展開

　対策に効果があったことを確認したうえで、関係している標準類を改訂したり、新規に作成したりして、関連部署の周知徹底を図ります。

　さらに、他工程にも関連する内容であった場合は、関連標準類を回覧するなどして、関係者全員で情報を共有することも大切です。

(5) 検査

　検査とは、「品物またはサービスの一つ以上の特性値について、測定、試験、検定、ゲージ合わせなどを行って、その結果を**規定要求事項と比較して、適合しているかどうかを判定**する活動」です（JIS Z 9015-1:2006）。

　ここで、「適合している」とは、規定要求事項を満たしているということであり、満たしているものを**適合品**、満たしていないものを**不適合品**と呼びます。

　検査は実施対象によって、2種類に大別できます。

❶ 品物またはサービスに対して実施
❷ ロットに対して実施

　個々の品物に対しては適合品、不適合品の判定を行いますが、ロット（等しい条件下で生産され、または生産されたと思われる品物の集まり）に対しては合格、不合格の判定を行います。

(6) 検査の種類

❶ 受入検査・購入検査

　受入検査とは、「供給者から提出されたロットを受け入れてよいかどうかを判定するために行う検査」であり、外部から提出されたロットを購入する場合は**購入検査**ともいいます。

　「提出されたロット」とは一般的に、原材料、半製品、製品などを指します。

購入検査では、例えば、原材料を外部から購入する場合、どんな成分のものを何キログラム購入するか、事前に条件を指定し、交渉により金額を決定します。受入検査では、指定した条件に合致したものが届いているのか、納品書や現物を検査することでチェックをします。

❷ 工程間検査・中間検査

工程間検査（中間検査）とは、工場内で、ある工程から次の工程へ、半製品を移動してよいかどうかを判定するために行う検査です。このうち、作業者自らが、付加価値を付けた（加工、組立を行った）ものについて行う検査を、**自主検査（点検）**、自主チェックなどと呼んでいます。

❸ 最終検査・出荷検査

最終検査とは、「できあがった製品が、要求事項を満足しているかどうかを判定するために行う検査」、**出荷検査**とは「製品を出荷する際に行う検査」をいいます。

図表1-16　検査の種類と流れ

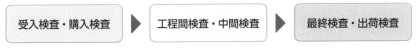

(7) 検査の方法

❶ 全数検査

全数検査とは、製品・サービスのすべてのアイテムに対して行う検査です。

❷ 無試験検査・間接検査

無試験検査とは品質情報・技術情報などを記載した書類に基づいて、サンプル試験を省略する検査で、**間接検査**とは受入検査で供給者が行った検査結果を必要に応じて確認することで、受入側の試験を省略する検査です。

❸ 抜取検査

抜取検査とは、決まった抜取検査方式に従って、ロットからサンプルを抜き取って検査し、その結果を判定基準と比較して、そのロットの合格・不合格を判定する検査をいいます。

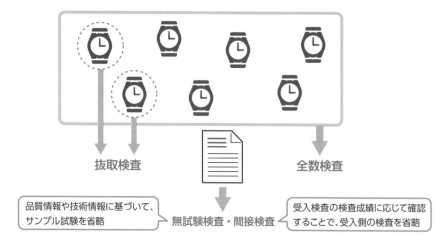

品質情報や技術情報に基づいて、サンプル試験を省略

受入検査の検査成績に応じて確認することで、受入側の検査を省略

❹ 官能検査

　官能検査とは、「人間の感覚（視覚・聴覚・味覚・嗅覚・触覚など）を用いて、品質特性（食品、化粧品など）を評価し、判定基準と照合して判定を下す検査」をいいます。

　人間の感覚に頼って検査を行うため、精度を向上させるためには、次のような点に留意する必要があります。

- 官能検査の合否の判定基準となる「限度見本」を整備する必要がある。限度見本では、合格限度見本と不合格限度見本の両方をそろえると、検査精度が向上する
- 官能検査は、人の感覚で検査するため、検査精度が検査環境によって左右される。何を検査するかによっても環境の整備の仕方が変わってくる。例えば、「外観表面のキズ」を検査する場合は、照明の明るさなどを整備しておく必要がある
- 検査精度を維持するためには、誰が検査しても同じような判定結果が得られるよう、検査手順、検査方法などの検査作業の標準化を図るとともに、現物を利用して検査担当の教育を継続していくことも重要である

(8) 計測の基本

　JIS Z 8103:2019（計測用語）では、計測とは、「特定の目的をもって、測定の

方法および手段を考究し、実施し、その結果を用いて所期の目的を達成させること」と定義されています。

　また、同 JIS において、**測定**とは「ある量をそれと同じ種類の量の測定単位と比較して、その量の値を実験的に得るプロセス」と定義されています。

(9) 計測の管理

　JIS Z 8103:2019 において、**計測管理**とは「計測の目的を効率的に達成するため、計測の活動全体を体系的に管理すること」と定義されています。

　計測に使われる計測器を適正な状態で維持・管理していくことが重要であり、測定器の精度を管理していくためには、標準になる材料（基準器など）を用意して、実際に品質の確認に使用されている測定器を定期的に基準器と比較してチェックし、管理していくことも重要となります。

練習問題

Q11 次の文章①〜⑥について、正しいものには○印を、誤っているものには×印を付けよ。

① 製造物責任法とは、製造物の欠陥により人の生命、身体または財産に被害が生じた場合に、製造業者等が負うべき損害賠償責任について定めた法律である。この「製造業者等」には、輸入業者は含まれない。

② 製造物責任法での製造物の欠陥には、「製造上の欠陥」、「設計上の欠陥」、「表示・警告上の欠陥」の 3 つがある。

③ 製造物責任への対応は、予防のための PLP と防御のための PLD の 2 つに大別できる。

④ 検査で不適合品を取り除くという手段よりも、「 工程で品質を造りこむ 」という考え方で進める方法を検査重点主義という。

⑤ 望ましくない状況や現象を除去するのが応急処置であり、問題発生時にそのつど原因を調査して取り除き、同じ問題が二度と起きないように対策をとることが未然防止である。一方、発生が予想される問題をあらかじめ計画段階で洗い出して、対策しておくことを再発防止という。

⑥ 設計にインプットすべき要求品質や設計仕様などの要求事項が、設計のアウトプットにもれなく織り込まれ、品質目標を達成できるものになっているかどうかについて審査することを「設計審査」という。

Q12 次の「プロセス管理での異常の処置手順」に関する説明文において、空欄①～⑤に入る最も関連の深い語句を下の選択肢から選べ。ただし、各選択肢を複数回用いることはない。

手順1 　①　を止める：異常品の　②　を広げないこと

手順2 異常報告：上司への速やかな　③　の報告

手順3 　④　：客先（後工程）への流出確認

手順4 　⑤　：問題発生の根拠を明確にする

手順5 対策実施：原因に対する対策の実施

【選択肢】　ア．流出範囲　　イ．異常品流出の確認　　ウ．原因追究
　　　　　　エ．事実　　オ．該当工程

Q13 次の検査に関する文章①～⑦について、正しいものには○印を、誤っているものには×印を付けよ。

① 検査の目的は顧客に対する品質保証であるから、出荷検査以外の工程検査などの検査は必要ない。

② 検査項目として、寸法、重量などの特性値を扱う抜取検査を計数抜取検査という。

③ 検査のねらいの1つは、不適合品が後工程に流出することを防ぐことである。

④ 無試験検査は、検査として扱っていない。

⑤ 個別の製品を検査した場合は、適合品／不適合品の判定を下し、ロットについて検査した場合には、合格／不合格の判定を行うものである。

⑥ 検査で得たデータは、検査が終わった後でもこれを活用し、品質管理に役立てることが大切である。

⑦ 抜取検査において、正しくサンプリングが行われていれば、サンプル中には必ずロット不適合品が含まれている。

解答・解説

A11　　①× 　②○ 　③○ 　④× 　⑤× 　⑥○
① 輸入業者も含まれます。

④ 検査で不適合品を取り除くという手段よりも「工程で品質を造りこむ」という考え方で進める方法をプロセス管理といいます。

⑤ 応急処置は問題文のとおりですが、「問題発生時にそのつど原因を調査して取り除き、同じ問題が二度と起きないように対策をとること」は再発防止、「発生が予想される問題をあらかじめ計画段階で洗い出して、対策しておくこと」は未然防止です。

A12　　① オ　　② ア　　③ エ　　④ イ　　⑤ ウ

・**プロセス管理での異常の処理手順**

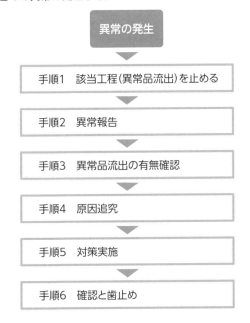

A13　　① ×　　② ×　　③ ○　　④ ×　　⑤ ○　　⑥ ○　　⑦ ×

① 検査の種類には、出荷検査以外に、供給者から提出されたロットを受け入れてよいかどうかを判定するために行う受入検査、工場内において半製品をある工程から次の工程に移動してよいかどうかを判定するために行う工程間検査等があります。よって設問文は×です。

② 計量抜取検査のことをいいます。

④ 無試験検査も検査です。

⑦ 必ずしも不適合品が含まれているとは限りません。

6 品質経営の要素① 方針管理

方針管理は企業目的を達成するために欠かせない

　方針管理とは、企業が経営目的を達成する手段である「中・長期経営計画」、あるいは「年度経営方針」を効果的に推進するために、組織全体で取り組む活動をいいます。

　進め方は、**①方針の策定、②方針の展開と実施計画の策定、③計画の実施、④実施状況のレビュー、⑤処置（次期への反映）**というステップがとられます。日常管理（59ページ）、機能別管理とともに、TQM活動における経営管理システムの柱の1つです。

図表1-18　方針管理の流れ

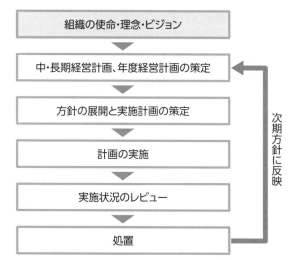

　方針とは「トップマネジメントによって正式に表明された、組織の使命、理念およびビジョン、または中長期経営計画の達成に関する、組織の全体的な意図および方向付け」と、JIS Q 9023（マネジメントシステムのパフォーマンス改善－方針管理の指針）で定義されています。

　推進にあたっての留意点は下記のとおりです。

❶ 方針の策定・・・中長期経営計画、年度経営方針の策定

　・昨年度の反省や内外の経営環境の分析に基づいて、組織の問題点と重点課題を明確化

　・目標に関しては、現状打破の観点から、客観的に評価できる定量的・具体的な目標を設定（目標値や達成期日などの管理項目を明記）

❷ 方針の展開と実施計画の策定

　❶で定めた経営方針や経営計画の目標や方策を、下位（各部門）の目標や方策に落とし込み、展開していくことを、**方針の展開**といいます。その際のポイントは以下のとおりです。

　・上位の重点課題・目標と下位の重点課題・目標との関連性を明確化

　・部門間をわたるテーマについては、部門横断チームの連携を強化

　・経営資源配分を考慮し、予算と方策との整合性を図る

❸ 計画の実施

　目標を達成するための活動計画を実施します。

❹ 実施状況のレビュー

　・目標が達成されない、または方策が計画どおり実施されないような現象を早期に発見できる仕組みをあらかじめ作っておくことが望ましい

　・経営トップおよび部門長は、定期的に方針の実施状況、目標の達成状況などを診断することが望ましい

❺ 処置

　・期末には、その期における方針の実施状況を総合的に評価し、組織の中長期計画や経営環境をふまえて、次期の方針に反映させる

　なお、トップが三現主義（22ページ）に基づいて方針の展開、実施状況を確認して目標の達成度や進捗度を把握するフェーズのことを**診断**といいます。**トップ診断**、経営診断ともいわれています。

①目標	目的を達成するための取組みにおいて、追求し、目指す到達点
②重点課題	組織として優先順位の高いものに絞って取り組み、達成すべき事項
③方策	目標を達成するために、選ばれる手段
④管理項目	目標の達成を管理するために、評価尺度として選定した項目

練習問題

Q14 次の「方針管理」に関する説明文①〜④と最も関連の深い語句を次の選択肢から選べ。ただし、各選択肢は複数回用いることはない。

① トップが三現主義に基づき、方針の展開、実施状況、目標達成状況などの進捗を確認する。

② 各部門の方針が達成された場合に、上位方針が達成されるかを検討する。

③ 市場動向などの外部環境および内部の経営資源に関する情報を十分に収集分析して行う。

④ 目標値、処置基準などの決定を行う。

【選択肢】　ア . 方針の展開　　イ . 中長期経営計画の策定　　ウ . 診断　　エ . 管理項目の設定

解答・解説

A14　　①ウ　　②ア　　③イ　　④エ

③ 中長期経営計画の策定にあたっては、市場動向などの外部環境および内部の経営資源に関する情報を十分に収集し、分析を行うことが重要です。

④ 方針を細分化し、その項目ごとに目標値、処置基準などを決めることを管理項目の設定といいます。

7 品質経営の要素② 日常管理

でる度 ★★☆

日常管理は企業経営の最も根幹をなす活動

(1) 日常管理

　日常管理とは、**通常業務に組織的に取り組むための仕組み**で、各部門で日常的に実施されなければならない分掌業務について、その業務目的を効率的に達成するために必要なすべての活動をいいます（「分掌」とは仕事を分担して受け持つこと）。

　日常管理の基本は、各部門が標準類を遵守して現状を維持していくことにあります。**企業経営の最も根幹をなす活動**であり、進め方としては、各部門がその職務を明確にしたうえで、そのパフォーマンスを測る**管理項目・管理水準**を設定し、異常を検出した場合には原因を追究して確実な対策を実施することが基本となります。

　この日常管理活動には、**維持活動**と**改善活動**が含まれます。

　維持活動とは、目標を設定し、その目標からずれないように、もし、ずれた場合にはすぐに元に戻せるようにする活動のことです。

　また、改善活動とは、目標を現状より高い水準に設定して、問題または課題を特定し、問題解決または課題達成を繰り返していく活動のことです。

(2) 管理項目と点検項目

　日常管理の実施にあたっては、どの管理項目にどの部門が責任を持って管理するのかという、職務分掌を明確化することが必要不可欠です。

　各部門の職務や実力に応じた管理項目・管理水準を定め、異常が発見された場合の原因追究・処置の手続きと役割分担を決めておくことも不可欠です。

　管理項目は目標を達成するための評価尺度であり、大きく分けて次の2種類があります。

❶ **管理点**　結果をチェックする項目です。結果系管理項目ともいいます。

❷ **点検点**　要因をチェックする項目です。点検項目、要因系管理項目とも

呼ばれます。

　管理項目・管理水準については、組織内の誰もが見られるように**管理項目一覧表**として整理しておくのが望ましいです。

(3) 異常とその処置

　異常の原因は複数の部門にまたがる場合が多いので、異常が発生した場合には一件一葉の異常報告書にまとめて関連部門に送付するなど、他部門の協力を得る工夫が必要です。さらに、異常報告書について、1件1件、応急対策、原因追究、再発防止対策、効果確認などを明確にし、きっちりとフォローしていきます。

攻略のツボ！
日常管理は SDCA のサイクルを回すことが基本です！

練習問題

Q15 次の文章は、日常管理の展開ステップについて述べたものである。空欄①〜⑥に入る最も適切なものを次の選択肢から選べ。ただし、各選択肢を複数回用いることはない。

　日常管理とは、各々の職場において、毎日実施しなければならない　①　を決められた　②　を守りながら実施していく活動のことである。そのためには、達成状況を測るための　②　および管理水準を設定する。工程での異常について　③　と対策を実施するといったことが工程における日常管理の基本である。
　　②　とは目標を達成するための評価尺度であり、結果系と要因系に分け、結果系を　④　、要因系を　⑤　と呼んでいる。管理項目が　⑥　かどうかを判定するための尺度が管理水準である。

【選択肢】　ア. 点検点　　イ. 管理項目　　ウ. 分掌業務　　エ. 原因追及
　　　　　　オ. 管理点　　カ. 安定な状態

解答・解説

A15 　①ウ　②イ　③エ　④オ　⑤ア　⑥カ

日常管理とは、各々の職場において、毎日実施しなければならない**分掌業務**を決められた**管理項目**を守りながら実施していく活動のことである。

そのためには、達成状況を測るための**管理項目**および管理水準を設定する。工程での異常について**原因追究**と対策を実施するといったことが工程における日常管理の基本である。

管理項目とは目標達成するための評価尺度であり、結果系と要因系に分け、結果系を**管理点**、要因系を**点検点**と呼んでいる。管理項目が**安定な状態**かどうかを判定するための尺度が管理水準である。

8 品質経営の要素③ 標準化

でる度 ★★★

一定のルールを確立・共有する「標準化」で品質を保つ

(1) 標準化の定義

　製品・サービスについて、標準や規格など、一定のルールを確立することを**標準化**といいます。

　JIS Z 8002:2006（標準化および関連活動－一般的な用語）では、「実在の問題または起こる可能性がある問題に関して、与えられた状況において最適な秩序を得ることを目的として、**共通に、かつ、繰り返して使用するための記述事項を確立**する活動」と定義されています。

　標準とは、JIS Z 8002:2006では「関連する人々の間で利益または利便が公正に得られるように、**統一し、または単純化する目的で、もの（生産活動の産出物）およびもの以外（組織、責任権限、システム、方法など）について定めた取決め**」とされています。一般にQC分野における標準とは、法律のような強制力があるものではなく、組織が任意で定める「取決め」と考えることができます。

さらに、ISO（International Organization for Standardization：国際標準化機構）では、標準化を次のように定義しています。

「実在の問題、または起こる可能性のある問題に関して与えられた状況において最適な程度の秩序を得ることを目的として、共通に、かつ繰り返して使用するための規定を活用する活動で、規格を作成し、実施する過程からなる」

また、規格については次のように定めています。

「与えられた状況において最適な程度の秩序を達成することを目的に、諸活動または、その結果に関する規則、指針、または特性を共通にかつ繰り返し使用するために定める文章であって、合意によって確立され、かつ、公認機関によって承認されたもの」

国際標準化機構や国家標準化機関など、公的な機関が作成する規格を**デジュールスタンダード**と呼びます。これに対して、市場などで実質的に標準となったものを**デファクトスタンダード**と呼びます。

(2) 社内標準化

❶ 目的

社内標準は、**企業内のあらゆる活動の簡素化、最適化などを目指して作成**される標準であり、上位規格である国家規格や国際規格にも整合している必要があります。**社内規格**とも呼ばれます。

そして、社内標準を作成・運用していくことを**社内標準化**といいます。社内標準化で最も留意すべきことは、「守れない、実施されない標準化ではまったく意味がない」ということです。

社内標準化はコスト低減、管理基準の明確化、技術の蓄積、品質の向上などを目的として行われます。中でもコストの低減は重要な目的の1つであり、標準化によって次のようなコスト削減効果が期待できます。

例えば、異なる製品に対して同じ部品や材料を使用できるよう標準化することで、持たなければいけない在庫の種類が少なくなり、在庫品の陳腐化リスクが低減されます。また、購買の際にも、量のメリットを活かして単価を下げることが期待できます。これらはいずれもコスト削減へとつながるのです。

- 業務をルール化　　→　業務効率が向上
- 部品や材料を標準化　→　互換性向上

❷ 社内標準化プロセス

社内標準化は、下記のプロセスで進めます。

❶社内標準の作成

国際規格・国家規格と関連している場合は、内容に矛盾が生じないよう整合性を保持することが不可欠です。自社の技術レベル、現場レベルを考慮し、順守できる、実施できる標準にすることが重要です。

❷社内標準に基づく業務の実施

作成された社内標準に基づいて教育・訓練を行った上で、実際の作業・業務を行います。

❸結果の確認

社内標準に基づいた作業・業務の実施状況とその効果の確認を行います。確認は定期的に行い、陳腐化を防いで、社内の技術レベル向上に結びつけます。

❹社内標準の見直し・是正処置

成果が見られない場合は、社内標準が守られていないためなのか、あるいは、決められた社内標準の内容に不都合があるのかという両面から調査し、守るための教育・訓練の実施や標準の見直しなどの是正処置を行います。

この標準化からスタートするPDCAのサイクルを、S（標準化：Standardize）DCAとも呼んでいます。

図表1-19　SDCAサイクル　社内標準化プロセス

④Action
社内標準の見直し・
是正処置

①Standardize
社内標準の作成
結果の確認

③Check
結果の確認

②Do
社内標準に基づく
業務の実施

❸ 社内標準化の種類

社内標準化には、次のような種類があります。

❶規定

全社に共通して適用される総括的・横断的なもの
(例) 職務分掌規程、文章管理規定

❷規格

規格値や基準値といった技術的な要件などが具体的に定められているもの
(例) 製品規格、資材規格

❸標準

社内において、製品、材料、組織などに関して、生産、購入、管理などの
業務に使用する目的で、企業が独自に作成するもの
(例) 製造標準、購買標準、外注管理標準

(3) 産業標準化

　日本における標準化活動の基盤となっている工業標準化法が2019年に改正
されました。主な改正点は、①データ・サービス等への標準化の対象の拡大、
②JISの制定等の迅速化、③JISマークの信頼性確保のための罰則強化、④官
民の国際標準化活動の促進、が挙げられます。

　これに伴い、「工業標準化法」は「産業標準化法」に、「日本工業規格（JIS）」
は「日本産業規格（JIS）」に変更されました。

　産業標準化の意義については、次のような項目が挙げられます。具体的には、
自由に放置すれば多様化、複雑化、無秩序化してしまう製品やサービスなどに
ついて、

① 互換性・インターフェースの整合性の確保、生産効率の向上、品質の
　確保
② 安心・安全の確保、消費者保護
③ 正確な情報の伝達・相互理解の促進
④ 環境保護（省エネ、リサイクルなど）
⑤ 高齢者・障がい者への配慮
⑥ 研究開発による成果の普及、企業の競争力の強化、貿易の促進など

　以上のそれぞれの観点から、産業標準化とは技術文書としての国レベルの「規格」を制定し、これを全国的に統一または単純化することでもあるといえます。

❶ 日本産業規格（JIS）の制定

　日本産業規格は産業標準化法に基づく、鉱工業品製品＋データ・サービスに関する国家規格です。Japanese Industrial Standards の頭文字をとって、**JIS**と呼びます。

❷ JIS マークの種類

　JIS マークには次の 3 種類があります。

(4) 国際標準化活動

　国際標準化とは、「国際的な枠組みの中で多数の国が協力してコンセンサスを重ねることにより、国際的に適用される国際規格を制定し普及することによって進められる標準化」をいいます。

　国際標準化を進める代表的な国際機関として、これまで述べてきた ISO（国際標準化機構）があります。ISO は 1947 年に設立され、**電気・電子技術分野以外の広い範囲について国際規格を作成**しています。

練習問題

Q16 次の標準化に関する文章①〜⑤について、正しいものには○印を、誤っているものには×印を付けよ。

① 標準を作成するときは、実施する関係者の意見などを聞くと収拾がつかず、また時間がかかるので、一部のスタッフのみで考えた内容を標準として制定するほうがよい。

② 日本産業規格（JIS）は、産業標準化法に基づく国際規格として、生産コストの削減、取引の公正化などに貢献している。

③ 社内標準化とは、各企業の目的に応じて内部で行われる標準化活動をいう。

④ 社内標準化の効果の1つとして、「技術の蓄積」を図れることがあるので、社内標準は全項目について詳細に作成しなければならない。

⑤ 国際標準化機構や国家標準化機関など、公的な機関が作成する規格をデジュールスタンダードと呼ぶ。一方、市場などで実質的に標準となったものをデファクトスタンダードと呼ぶ。

解答・解説

A16　①×　②×　③○　④×　⑤○

① 社内標準化で最も留意すべきことは、「守れない、実施されない標準化ではまったく意味がない」ということです。一部のスタッフの考えで作成した標準では、関係者の意見が反映されていないので、守れない標準になる可能性が大きいため、正解は×となります。

② 日本産業規格（JIS）は、産業標準化法に基づく国際規格でなく国家規格です。

④ 社内標準化は、実行可能で、必要に応じて改正され、最新の状態に維持することが要求されます。内容を詳細にしすぎると、細かな変更に対応できなくなる恐れがあるので、すべてを詳細に作成する必要はありません。

9 品質経営の要素④ 小集団活動 （QCサークル活動）の進め方

でる度 ★★★

従業員の力を引き出し、企業の発展にも寄与する活動

　小集団活動とは、**従業員が職場の改善活動を行うための小グループによる活動のこと**です。全社的な TQM（Total Quality Management）の一環として位置づけている企業もありますが、「TQM そのもの」ではないことに注意が必要です。

　QC はアメリカより導入されましたが、**QC サークル**は日本 v で始まった小集団活動で、同じ職場で働く職組長以下の小さなグループで構成されたものです。

　『QC サークルの基本－ QC サークル綱領』（QC サークル本部編　日科技連出版社刊）では、次のように定義、解説されています。

　「QC サークルとは、**第一線の職場で働く人々が継続的に製品・サービス・仕事などの質の管理・改善を行う小グループ**である。

　この小グループは、運営を自主的に行い、QC の考え方・手法などを活用し、創造性を発揮し、自己啓発・相互啓発を図り、活動を進める。

　この活動は、QC サークルメンバーの能力向上・自己実現、明るく活力に満ちた生きがいのある職場づくり、お客様満足向上及び社会への貢献を目指す。

　経営者・管理者は、この活動を企業の体質改善・発展に寄与させるために、人材育成・職場活性化の重要な活動と位置づけ、自ら TQM などの全社的活動を実践するとともに、人間性を尊重し全員参加を目指した指導・支援を行う」

　また、次の3つを基本理念として掲げています。

❶人間の能力を発揮し、無限の可能性を引き出す
❷人間性を尊重して、生きがいのある明るい職場をつくる
❸企業の体質改善・発展に寄与する

攻略のツボ！

QC サークルの 3 つの理念は試験に出るので押さえておきましょう。

Q17 QC サークル活動に関する文章①～④について、正しいものには○印を、誤っているものには×印を付けよ。

① QC サークル活動は、人材育成を通じて企業の体質改善・発展に寄与することを目指した活動である。

② QC サークル活動は、第一線で働く人たちが自主的に活動するので、管理者が QC サークルメンバーに直接語りかけないほうが活性化する。

③ QC サークル活動は、経営方針達成のための業務に直結した活動であるので、明るい職場づくりは目指していない。

④ QC サークル活動は、アメリカから入ってきた活動である。

解答・解説

A17　①○　　②×　　③×　　④×

② 管理者も自ら TQM などの全社的活動を実践するとともに、人間性を尊重し全員参加を目指した指導・支援を行います。

③ 基本理念の 1 つに「人間性を尊重して、生きがいのある明るい職場をつくる」ことがあります。

④ QC サークル活動は日本で生まれた活動です。

10 品質経営の要素⑤ 人材育成

でる度 ★★★

品質管理の鍵を握る人材育成の手法とポイント

　品質管理を効果的に推進していくためには、人材の育成が重要となります。そのためには、教育・訓練を効果的に行う必要があります。

　教育・訓練には、大きく分けて① **OJT**、② **OFF-JT**、③**自己啓発**の3つがあります。

❶OJT

OJT は On-The-Job Training（**職場内教育訓練**）の略語です。職務現場において、上司が部下に対して、職務遂行に必要な知識やスキルを教育・育成する方法です。

メリット　：現場で効率的に仕事をするための能力が身につく。

デメリット：指導者の能力によって、教育効果に差が生じるおそれがある。

❷OFF-JT

OFF-JT は Off-The-Job Training（**職場外教育訓練**）の略称です。職場外で行われ、集合研修や座学、グループワークなどを活用して業界知識やビジネス知識を習得させる人材育成手法です。

メリット　：現場で習得できない専門知識までも体系的に教育できる。

デメリット：実務にそのまま使える内容とは限らないので、直接的な効果がつかみにくい。

❸自己啓発

従業員が自らの意志で知識・技能・経験を身につけます。そのためには、会社としても階層別・機能別に品質管理教育を実施していく必要があります。

練習問題

Q18
次の文章①〜④について、正しいものには○印を、誤っているものには×印を付けよ。

　① OJTとは、職務現場において、上司が部下に対して、職務遂行に必

要な知識やスキルを教育・育成する方法である。

② OFF-JT とは、集合研修や座学、グループワークなどを活用して業界知識やビジネス知識を習得させる人材育成手法である。

③ OJT のメリットとしては、体系的に知識を学べることが挙げられる。

④ OFF-JT のデメリットは、業務に直結する教育効果を得ることが難しいことである。

解答・解説

A18　①○　②○　③×　④○

③ 体系的に学ぶことができるのは OFF-JT です。

11 品質経営の要素⑥ 品質マネジメントシステム

でる度 ★★★

品質マネジメントシステムは7つの原則で運営する

品質マネジメントシステム（Quality Management System：**QMS**）は、品質に関して組織を指揮し、管理するシステムです。

ISO 9000 シリーズの改定により採用されました。品質管理を中心とした組織活動において、顧客満足度向上のためには、継続的な管理の仕組みの改善が重要であると強調されています。日本では、国家規格の JIS がありますが、ISO 9000 シリーズの改定に伴い、一致規格である JIS も改定されています。

(1) 品質マネジメントシステム

組織をパフォーマンス改善に向けて導くために、トップマネジメントが用いることのできる「7つの品質マネジメントの原則」が、JIS Q 9000:2015（品質マネジメントシステム－基本及び用語）で明確にされています。

図表1-20　7つの品質マネジメントの原則

①顧客重視	品質マネジメントの主眼は、顧客の要求事項を満たすことおよび顧客の期待を超える努力をすることにある
②リーダーシップ	全ての階層のリーダーは、目的および目指す方向を一致させ、人々が組織の品質目的の達成に積極的に参加している状況を作り出す
③人々の積極的参加	組織内の全ての階層にいる、力量があり、権限を与えられ、積極的に参加する人々が、価値を創造し提供する組織の実現能力を強化するために必須である
④プロセスアプローチ	活動を首尾一貫したシステムとして機能する相互に関連するプロセスと理解し、マネジメントすることによって、矛盾のない予測可能な結果が効果的かつ効率的に達成できる
⑤改善	成功する組織は、改善に対して、継続して焦点を当てている
⑥客観的事実に基づく意思決定	データおよび情報の分析および評価に基づく意思決定によって、望む結果が得られる可能性が高まる
⑦関係性管理	持続的成功のために、組織は、例えば提供者のような、密接に関連する利害関係者との関係をマネジメントする

JIS 規格をもとに作成

練習問題

Q19 JIS Q 9000:2015 では、次の説明文①〜⑦のように、「7つの品質マネジメントの原則」が明確にされている。それぞれの文と最も関連の深い語句を次の選択肢から選べ。ただし、各選択肢を複数回用いることはない。

① 品質マネジメントの主眼は、顧客の要求事項を満たすことおよび顧客の期待を超える努力をすることにある。

② 全ての階層のリーダーは、目的及び目指す方向を一致させ、人々が組織の品質目標の達成に積極的に参加している状況を作り出す。

③ 組織内の全ての階層にいる、力量があり、権限を与えられ、積極的に参加する人々が、価値を創造し提供する組織の実現能力を強化するために必須である。

④ 活動を、首尾一貫したシステムとして機能する相互に関連するプロセスであると理解し、マネジメントすることによって、矛盾のない予測可能な結果が、より効果的かつ効率的に達成できる。

⑤ 成功する組織は、改善に対して、継続して焦点を当てている。

⑥ 評価に基づく意思決定によって、望む結果が得られる可能性が高まる。効果的な意思決定は、データおよび情報の分析に基づくもので、勘・経験を重視するのではなく、事実（データ）を重視する、ということ。

⑦ 持続的成功のために、組織は、例えば提供者のような、密接に関連する利害関係者との関係をマネジメントする。

【選択肢】　ア . プロセスアプローチ　　イ . 関係性管理
　　　　　　ウ . 客観的事実に基づく意思決定
　　　　　　エ . マネジメントのシステムアプローチ　　オ . リーダーシップ
　　　　　　カ . 人々の積極的参画　　キ . 改善　　ク . 顧客重視

解答・解説

A19　　①ク　　②オ　　③カ　　④ア　　⑤キ　　⑥ウ　　⑦イ
解説は本文を参照してください。

第 **2** 章

データの取り方・まとめ方

学習のポイント

　統計的な品質管理を行うためには、適切にデータを扱うことが極めて重要です。データの選択を間違えると、いくら正しい計算をしても集団の正しい特性が明らかにはなりません。本章では計算問題が出てきますが、電卓を使えば比較的簡単に解答することができます。

　統計量の項目には、「メディアン」「平方和」「分散」「標準偏差」など普段目にしない単語が出てきますが、これらを掘り下げて学ぶ必要はありません。統計値の中心を表すものとして平均・メディアンが、ばらつきを表すものとして平方和・分散・標準偏差があるといった程度の理解でよいでしょう。

　3級レベルでは、覚えるべき算出式は10個もありませんので、基本的な式を押さえておきましょう。

1 データの種類

データには数値データと言語データがある

データは大別して**数値データ**と**言語データ**に分けられます。そして、数値データはさらに**計量値**と**計数値**に分けることができます。

図表2-1　数値データと言語データ

データ

数値データ

①計量値
重さ(kg, g)、長さ(m, cm)、時間(h, m)、温度(℃)

②計数値
不適合品数、事故数、価格

言語データ

事実、予測、アイデア、意見など

お互いに注意する、
時間を決めて行う、
SNSを活用するなど

(1) 数値データ

❶ 計量値

重さや長さなどの**量の単位**があり、**連続量として測定される特性の値**です。例えば、体重（kg）の測定値は、連続的な値を取ります。61.5kg、62.6kg、63.5kgという数値は一見飛び飛びのように思えますが、これは測定の計器精度が0.1kgの単位でしか測定できないために飛び飛びに見えるだけです。

実際の体重は、連続的な値を取ります。このように、連続的な値を取り得る測定値（データ）を**計量値**といいます。その他の例として、長さ（mm）、時間（h）、圧力（N/m^2）などを挙げることができます。

❷ 計数値

不連続（離散的）、つまり飛び飛びの値を**計数値**といいます。**個数を数えて得られる特性の値**を指しており、**不連続（離散的）な数しか本質的にとり得ま**

せん。

　例えば、ボルト100本中に不適合品が10本あるとか、工場の中で止まっている機械の台数は何台あるのかといった測定値は、1つ、2つ、3つのように個数を数えて得られる計数値です。

攻略のツボ！

計量値は長さなど連続的な値を取り得るもの、計数値は個数など不連続（離散的）な値を取るものをいいます。

❸ 計量値と計数値が組み合わさったデータの判定

　計量値と計数値が組み合わされているデータについては、以下の基準で判定します。

- 割り算の場合

  分母のデータに関係なく、分子が計量値ならば計量値、分子が計数値ならば計数値として扱います。

  例　平均不適合品発生数（計数値）

  　　　＝合計の不適合品発生数（計数値）／対象日数（計数値）

  　　平均不適合品発生重量（計量値）

  　　　＝合計の不適合品発生重量（計量値）／対象日数（計数値）

- かけ算の場合

  計量値と計数値の積で表されるデータは、計量値として扱います。

  例　不適合品発生重量（計量値）

  　　　＝発生した不適合品の個数（計数値）×1個あたりの重量（計量値）

(2) 言語データ

　言語データは、品質特性を「キレイ・汚い」「強い・弱い」などの言語で表現したもので、新QC7つ道具で用いられます。

練習問題

Q1　次の各データの種類で正しいものには○を、正しくないものには×を付けよ。

　① クレーム件数は計数値である。

② 液体の濃度（%）は計数値である。

③ 不適合品率（%）は計量値である。

④ ガラスの厚さ（mm）は計数値である。

⑤ パネル板の傷の数（個）は計数値である。

⑥ 言葉で表現するものもデータである。

解答・解説

A1　　①○　　②×　　③×　　④×　　⑤○　　⑥○

② 計量値になります。液体の濃度は、次の計算式で求められます。

濃度（%）＝溶質の質量（g）÷溶液の質量（g）× 100

この場合、分子が計量値となるため、濃度も計量値となります。

③ 計数値になります。不適合品率は、次の計算式で求められます。

不適合品率（%）＝不適合品数÷検査個数× 100

この場合、分子が計数値に該当するため、除算した結果として得られる不適合品率も、計数値となります。

④ 連続量として測定されますので、計量値です。

⑥言葉で表現されるデータを言語データと呼びます。

2 母集団と標本（サンプル）

でる度 ★★★

全体から一部を採取したものが標本

　データを取得する目的は、**採取したデータ自体がどんな値か、何かを知るためではなく、データが所属していた集団に対して、どのような処置を取るかを決定するために行うものです。**

　図表 2-2 に示されているように、データが所属する集団の全体を**母集団（ぼしゅうだん）**といい、母集団からデータを取ることを**サンプリング**といいます。また、そこで得られたデータを**標本**（サンプルあるいは試料）と呼びます。

　サンプリングには種類がいくつかありますが、代表的なものに**ランダムサンプリング**（クジ引きのように選ぶ無作為による抜き取り）があります。ランダムサンプリングは、母集団に所属するいずれの要素も等しい確率でサンプルに含まれるようなサンプリングのことです。他にはサンプリングにかたよりのある有意サンプリングなどがあります。

　また、母集団は、**無限母集団**と**有限母集団**の2つに分けられます。無限母集団は、母集団の大きさが無限大と考えられる母集団で、**工程**が該当します。工程とは、インプットを使用してアウトプットや製品またはサービスを生み出す、相互に関連・作用する一連の活動のことです。

　有限母集団は、大きさが限られている母集団で、**ロット**が該当します。具体的には検査ロットが挙げられます。

　ロットとは、JIS Z 8101-2：2015において「等しい条件下で生産され、または生産されたと思われる品物の集まり」とされています。

　一般に、母集団のサイズを *N*（ラージエヌ）、母集団から抜き取ったサンプルの大きさをサンプルサイズ *n*（スモールエヌ）で表します。

図表 2-2　母集団と標本（サンプル）の関係

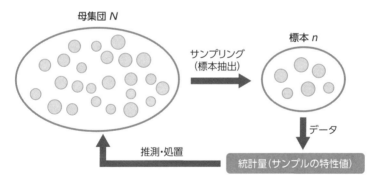

母集団 *N*

サンプリング
（標本抽出）

標本 *n*

データ

推測・処置

統計量（サンプルの特性値）

練習問題

Q2　次の文章において、□□□内に入る最も適切なものを次の選択肢から選べ。ただし、各選択肢を複数回用いることはない。

　電子部品を製造する工程において、工程は「調査の対象となる特性をもつ集団」と考えられるので、□①□といえる。

　□①□には、工程のような□②□と検査ロットのような□③□に分

けることができる。

| ① |から部品を抜き取ることを| ④ |といい、抜き取られた部品は
| ⑤ |という。

【選択肢】　ア．不適合数　　イ．標本　　ウ．無限母集団　　エ．有限母集団
　　　　　　オ．サンプリング　　カ．計量値　　キ．数値データ　　ク．言語データ
　　　　　　ケ．計数値　　コ．母集団

解答・解説

A2　　①コ　　②ウ　　③エ　　④オ　　⑤イ

工程は無限母集団であり、検査ロットのような有限母集団とは区別されています。また、母集団から一部を抜き取ることをサンプリングといい、抜き取られたものを標本（サンプル）と呼びます。

3 サンプリングと測定誤差

でる度 ★☆☆

測定値の誤差は避けられない

(1) サンプリング

　サンプリングとは、母集団からサンプル（標本）を取ることをいいました。**母集団からサンプリングしたデータは、母集団の状況を正しく反映していることが重要です。**サンプリングが適切でなければ、母集団に対して誤った判断や処置を行ってしまい、品質の改善につなげることができません。そのため、サンプルは母集団の姿を代表する形になっているのが理想です。

(2) 測定と測定誤差

　データは母集団から取ったサンプルを測定することによって得られます。こ

こで、測定とは JIS Z 8103：2019（計測用語）で「**ある量をそれと同じ種類の量の測定単位と比較して、その量の値を実験的に得るプロセス**」と定義されています。

測定を行う目的は、測定量の**真の値**を求めることですが、得られる測定値にはいくらかの誤差が含まれることは避けられません。測定誤差には**系統誤差（かたより）**と**偶然誤差（ばらつき）**の2種類があります。

誤差の1つ目は系統誤差ですが、測定者のクセや、測定器のクセ、測定器が表示する値が正確であることを定期的にチェックする校正状態、測定条件などの測定値にかたよりを与える原因によって、真の値からズレてしまうことをいいます。

2つ目は、偶然誤差で、何回も同じ測定を行った際にできる、突き止めることができない原因によって起こり、測定値のばらつきとなって現れます。JIS Z 8103：2019（計測用語）では、

誤差は、「測定値（図表 2-3 の各●が該当します）から真値を引いた差」

かたよりは、「測定値の母平均から真値を引いた値」

ばらつきは、「測定値がそろっていないこと。また、ふぞろいの程度」「ふぞろいの程度を表すには、例えば標準偏差を用いることができる」とそれぞれ定義されています。

図表 2-3　誤差・かたより・ばらつき

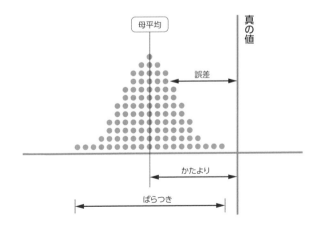

Q3 次の図において、 ───── 内に入る最も適切な用語を次の選択肢から
選べ。ただし、各選択肢を複数回用いることはない。

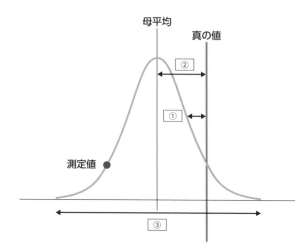

【選択肢】 ア. かたより　イ. 誤差　ウ. ばらつき　エ. 偏差

解答・解説

A3 　①イ　②ア　③ウ
本文の解説のとおりです。

4 基本統計量

でる度 ★★★

母平均は μ、母標準偏差は σ で表現される

(1) 母数と統計量

　母数とは、母集団の分布を特徴づける値のことをいいます。母集団の分布の平均値を**母平均**といい、**μ（ミュー）**で表します。また、母集団の分布のばらつきの度合いを示す値として、**母分散 σ^2** がありますが、2乗を使っているため現実世界と次元が異なります。そこで、同じ次元で評価することで感覚的にわかりやすいように、一般的にばらつきを表す場合は、分散の平方根である**母標準偏差 σ**（シグマ）が用いられます。

　統計量はサンプルの分布を特徴づける値のことをいいます。平均値は $\bar{x}$（エックスバー）、不偏分散は V、標準偏差は s（スモールエス）と表されます。

図表2-4　基本統計量

	母集団	サンプル
	母数	統計量
中心を示す値	母平均 μ	平均値 $\bar{x}$
		メディアン $\tilde{x}$
ばらつきを示す値	母分散 σ^2	不偏分散 V
	母標準偏差 σ	標準偏差 s

(2) 基本統計量の求め方

❶ 平均値 ($\bar{x}$)

　平均値とは、**データの合計値をデータの数で割った値**です。個々のデータをすべて足し合わせることで合計を算出し、その合計をデータの個数 n で割ることによって求めることができます。

$$\text{平均値} = \frac{\text{データの合計}}{\text{データの個数}} = \frac{x_1 + x_2 + x_3 + \cdots\cdots x_n}{n} = \frac{\sum_{i=1}^{n} x_i}{n}$$

x_1、x_2、x_3、$\cdots\cdots$、x_n は各測定値を表し、n は測定値の個数を表しています。

また、以降では $\sum\limits_{i=1}^{n} x_i$ を $\sum x_i$ と書くこともあります。

事例

ある部品が長さ 5mm 台の 5 個のデータ $\{5.3, 5.2, 5.5, 5.4, 5.2\}$ の平均値を求めると、以下のようになります。

$$\bar{x} = \left(5.3 + 5.2 + 5.5 + 5.4 + 5.2\right)/5 = \frac{26.6}{5} = 5.32$$

❷ 中央値（メディアン）（$\tilde{x}$）

測定値を順（大きい順、小さい順のどちらでも OK）に並べたときに、その中央に位置する値を**中央値（メディアン）**といいます。$\tilde{x}$ で表して、「エックスウェーブ」と読みます。

- 測定値の数が奇数個の場合は、中央に位置する値
  $\{8, 9, 7, 6, 5\}$ のメディアンは、小さい順に並べ替えると $\{5, 6, 7, 8, 9\}$ となり、その中央の値は $\tilde{x} = 7$ となります。

- 測定値の数が偶数個の場合は、中央の 2 つの値の平均値
  $\{7, 4, 3, 9\}$ のメディアンは、小さい順に並べ替えると $\{3, 4, 7, 9\}$ となり、その中央の値は $\tilde{x} = (4 + 7)/2 = 5.5$ となります。

攻略のツボ！

① 一般化すると、次のようになります。データを小さい値（大きい値）から順に並べて、データの個数 n が偶数か奇数かを確認します。

② n が偶数ならば、

$$\text{メディアン} = \frac{(n/2)\text{番目のデータ} + (n/2+1)\text{番目のデータ}}{2}$$

③ n が奇数ならば、

$$\text{メディアン} = \frac{n+1}{2}\text{番目のデータ}$$

練習問題

Q4 次のデータのメディアン ($\tilde{x}$) はいくらか。次の選択肢から選べ。ただし、各選択肢は複数回用いることはない。

① 4, 2, 4, 6, 9

② 11, 4, 2, 4, 6, 9

【選択肢】 ア．3 イ．4 ウ．5 エ．6

解答・解説

A4   ①イ   ②ウ

① データを小さい値から並べると次のようになります。

2, 4, 4, 6, 9

データの個数が 5 個と奇数なので、中央の値がメディアンとなり、$\tilde{x} = 4$ となります。

② データを小さい値から並べると次のようになります。

2, 4, 4, 6, 9, 11

データの個数が 6 個と偶数なので、中央の 2 つのデータの平均値がメディアンとなります。よって、

$$\tilde{x} = \frac{4+6}{2} = 5$$

となります。

❸ モード（最頻値）

データの中で「最も多く出現している値」のことを**モード**といいます。出現の頻度が最も高いということで、**最頻値**とも呼ばれます。また、**度数分布表では、度数が最も高い階級の値がモードとなります。**

❹ 範囲（R）

一組の測定値の中の最大値と最小値との差を範囲といい、R で表現します。範囲なので、負の値にはなりません。

$\{8, 10, 9, 4\}$ の範囲 R は、$R = 10 - 4 = 6$ となります。

練習問題

Q5 一組のデータ $\{-5, -3, 0, 1\}$ の範囲 R はいくらか。次の選択肢から選べ。

【選択肢】 ア. 3 イ. 4 ウ. 5 エ. 6

解答・解説

A5 エ

範囲 R ＝最大値－最小値＝ $1 - (-5) = 6$

❺ 平方和 (S)

個々の測定値と平均値との差の 2 乗の和を**平方和**といい、大文字の S で表します。平方和を求める一般式は下記のとおりとなります。

$$平方和\, S = \sum \left(x_i - \overline{x}\right)^2$$

$$= \left(x_1^2 + x_2^2 + \cdots\cdots + x_n^2\right) - \frac{\left(x_1 + x_2 + \cdots\cdots + x_n\right)^2}{n}$$

$$= \sum x_i^2 - \frac{\left(\sum x_i\right)^2}{n}$$

参考

この式が成り立つ証明は次のとおりです。

$$S = \sum \left(x_i - \overline{x} \right)^2$$
$$= \sum \left(x_i^2 - 2 \cdot x_i \cdot \overline{x} + \overline{x}^2 \right)$$
$$= \sum x_i^2 - 2 \cdot \sum x_i \cdot \overline{x} + \sum \overline{x}^2$$
$$= \sum x_i^2 - 2 \cdot \sum x_i \cdot \left(\frac{\sum x_i}{n} \right) + n \cdot \left(\frac{\sum x_i}{n} \right)^2$$
$$= \sum x_i^2 - 2 \cdot \frac{\left(\sum x_i \right)^2}{n} + \frac{\left(\sum x_i \right)^2}{n}$$
$$= \sum x_i^2 - \frac{\left(\sum x_i \right)^2}{n}$$

| 事例 |⋯⋯⋯⋯⋯⋯⋯⋯⋯⋯⋯⋯⋯⋯⋯⋯⋯⋯⋯⋯⋯⋯⋯⋯⋯⋯⋯⋯⋯⋯⋯

$\{5, 6, 3, 7, 2\}$ の平方和は、

$$S = \left(25 + 36 + 9 + 49 + 4 \right) - \frac{\left(5 + 6 + 3 + 7 + 2 \right)^2}{5}$$
$$= 123 - \frac{529}{5} = 17.2$$

一度平均値を求めてから、平方和を算出する方法もあります。

平方和$S = \sum \left(x_i - \overline{x} \right)^2$より、

$$S = \left(5 - 4.6 \right)^2 + \left(6 - 4.6 \right)^2 + \left(3 - 4.6 \right)^2 + \left(7 - 4.6 \right)^2 + \left(2 - 4.6 \right)^2$$
$$= 0.16 + 1.96 + 2.56 + 5.76 + 6.76 = 17.2$$

となります。

ちなみに、下記の計算補助表を作成すると、平方和の計算がミスなくできるようになります。

図表2-5　計算補助表を用いた平方和の計算

	データ数					合計
x	5	6	3	7	2	23
x^2	25	36	9	49	4	123

攻略のツボ！

将来2級の受験を考えている場合は、計算補助表を使うことで2級への対応が容易になります。

❻ 不偏分散

平方和 S をサンプル数から 1 を引いた「$n-1$」で割った値を**不偏分散**といい、V で表します。一般的に母分散の推定値として使われます。

$$不偏分散 （V） = \frac{平方和 （S）}{n-1}$$

> **事例** ....

{5, 6, 3, 7, 2} の不偏分散は次のとおりです。

$$V = \frac{17.2}{5-1} = 4.3$$

❼ 標準偏差 （s）

不偏分散の平方根を**標準偏差**といい、s で表します。標準偏差はデータのばらつき度合いを示しています。$\sqrt{}$ は平方根を意味しており、ルートといいます。

$$s = \sqrt{不偏分散}$$

> **事例** ....

平方和 = 17.2、サンプル数 = 5 個のときの標準偏差は次のとおりです。

$$標準偏差 （s） = \sqrt{4.3} \fallingdotseq 2.074$$

練習問題

Q6 ランダムサンプリングで 11 個のサンプルを抜き取り、その平方和を求めると 40 となった。このとき、次の値はいくらになるか。次の選択肢から選べ。ただし、各選択肢は複数回用いることはない。

① 不偏分散 （V）
② 標準偏差 （s）

【選択肢】　ア. 1　イ. 2　ウ. 3　エ. 4　オ. 5

解答・解説

A6   ① エ   ② イ

① 不偏分散

$$不偏分散（V）=\frac{S}{n-1}=\frac{40}{11-1}=4$$

② 標準偏差

$$標準偏差（s）=\sqrt{V}=\sqrt{4}=2$$

❽ 変動係数

変動係数（CV） とは、**標準偏差を平均で割ったもの**であり、相対的なばらつきを表します。単位のない数であり、百分率で表されることもあります。相対標準偏差とも呼ばれています。平均値が異なる2つの集団のばらつきを比較する場合などに使われます。

$$変動係数（CV）=\frac{s}{\overline{x}}$$

事例

標準偏差 $(s) = 0.5$、平均値 $(\overline{x}) = 2.0$ のとき、CV を求めると次のようになります。

$$CV=\frac{0.5}{2.0}=0.25$$

練習問題

Q7 ランダムに7個のサンプルを抜き取り、次の統計量が得られた。

平均値 $(\overline{x}) = 5$ 不偏分散 $(V) = 4$

このとき、変動係数 (CV) の値（%）はいくらになるか。次の選択肢から選べ。

【選択肢】 ア . 20　イ . 40　ウ . 80

解答・解説

A7　イ

標準偏差 $(s) = \sqrt{\text{不偏分散}\ (V)}$ より、$s = \sqrt{4} = 2$ となる。

$$変動係数\ (CV) = \frac{標準偏差}{平均} \times 100 = \frac{2}{5} \times 100 = 40\,(\%)$$

❾ データ変換した場合の平均値・平方和の求め方

データを採取したところ、次のような数値が得られました。しかし、このように小数点以下のデータとなる場合、このままのデータで統計量を計算するのは面倒になります。そこで、QC 検定ではデータ変換に関する問題が出題されます。

番号	1	2	3	4	5
測定値	25.1	25.9	25.7	25.6	25.3

ここでは、$X = (x - 25) \times 10$（x を元の測定値とする）と置いて変換を行いました。

番号	測定値	$X = (x - 25) \times 10$	X^2
1	25.1	1	1
2	25.9	9	81
3	25.7	7	49
4	25.6	6	36
5	25.3	3	9
合計	—	26	176

変換した値を用いて平均値 x、平方和 S を計算すると次のようになります。X は測定データから 25 を引いて 10 倍しており、$x = (1/10)X + 25$ となるため、元に戻すには、10 で割って 25 をプラスします。また、平方和については、測定データを 10^2 倍しているため、10^2 で割ります。

$$平均値\ \overline{x} = \frac{26}{5} \times \frac{1}{10} + 25 = 25.52$$

$$\text{平方和 } S = \left(176 - \frac{26^2}{5}\right) \times \frac{1}{10^2}$$
$$= 0.408$$

 攻略のツボ！
確認のため、データ変換せずに元の測定値で平均値と平方和を計算してみましょう！

練習問題

Q8 計算を簡単にするために、$y = 10 \times (x - 3.5)$ としてデータ変換を行った。そのとき、y の平均値 = 20、平方和 = 30 であった。このとき、□内に入る最も適切なものを次の選択肢から選べ。

x の平均値　　$\bar{x} = \boxed{\text{①}} \times 1/ \boxed{\text{②}} + 3.5 = \boxed{\text{③}}$

x の平方和　　$S = 30 \times 1/ \boxed{\text{④}} = \boxed{\text{⑤}}$

【選択肢】　ア. 0.3　イ. 5.5　ウ. 10　エ. 20　オ. 10^2

解答・解説

A8　　①エ　　②ウ　　③イ　　④オ　　⑤ア

① x の平均値を求めます。

$y = 10 \times (x - 3.5)$ より $x = 3.5 + (1/10)y$ となります。

この式に y の平均値 = 20 を代入すると

x の平均値　$\bar{x} = 3.5 + (1/10) \times 20$ となり、x の平均値 = 5.5 となります。

② x の平方和を求めます。

y は変換式で x を 10 倍しており、平方和は 10^2 倍になっているため、元のデータに戻すために 10^2 で割り戻します。

よって、x の平方和 $S = 30 \times (1/10^2) = 0.3$ となります。

❿ 基本統計量のまとめ

ここで、これまで見てきた基本的な統計量についてまとめておきましょう。

図表 2-6　基本統計量のまとめ

	統計量	計算式	意味
1	平均値 ($\bar{x}$)	$\dfrac{データの合計}{データの個数} = \dfrac{\sum\limits_{i=1}^{n} x_i}{n}$	数の集合の中間的な値
2	メディアン ($\tilde{x}$)	奇数個なら中央の値、偶数個なら中央の 2 つの値の平均	有限個のデータで中央に位置する値
3	モード（最頻値）	データの中で最も多い値	データのうち最も多く現れる値
4	範囲 (R)	測定値の最大値と最小値の差	ばらつきの程度を簡易に示す
5	平方和 (S)	測定値と平均値との差の 2 乗の和 $= \sum \left(x_i - \bar{x} \right)^2$	ばらつきの程度の指標
6	不偏分散 (V)	$\dfrac{平方和\,(S)}{n-1}$	母分散の不偏推定量
7	標準偏差 (s)	$\sqrt{不偏分散\,(V)}$	ばらつきの程度の指標
8	変動係数 (CV)	$\dfrac{標準偏差\,(s)}{平均値\,(\bar{x})}$	相対的なばらつきを表す。単位のない無単位数

練習問題

Q9 次の基本統計量に関する文章で、正しいものには○、正しくないものには×を付けよ。

① データ { 2, 3, 3, 7 } のように同じデータが複数ある場合は、3 を 1 つ取り除いた 3 が、{ 3, 7, 13 } であれば 7 がメディアンとなる。

② 範囲 (R) は最大値と最小値との差をいうので、絶対に負の値にはならない。

③ 平方和 (S) は個々の測定値と平均値との差の 2 乗和のことである。

④ 特性値の大小関係が「平均値>メディアン>モード」になっているとき、一般的にヒストグラムは右に偏った分布になる。

⑤ 測定値の個数を n とした場合、平方和 (S) を n で割ったものを不偏分散 (V) という。

Q10 ランダムサンプリングで 5 個のサンプルを抜き取り、それらの重さ (g) を測定すると、次のデータが得られた。

{ 2, 3, 5, 7, 5 }

このとき、次の統計量はいくらになるか。下欄の選択肢から選べ。ただし、各選択肢は複数回用いることはない。

① 平方和 (S)

② 不偏分散 (V)

③ 標準偏差 (s)

【選択肢】 ア. 1.41　イ. 1.95　ウ. 3.8　エ. 15.2　オ. 17.8

Q11 次のデータは、ある設備から製造されたアルミ部品について 9 個をサンプリングし、その機械的性質の 1 つである引っ張り強さ（単位は省略）を測定した値である。

{8, 12, 14, 7, 10, 10, 12, 14, 12}

この場合、次の値はいくらになるか、下欄の選択肢から選べ。ただし、各選択肢は複数回用いることはない。

① 平均値 ($\bar{x}$)

② 範囲 (R)

③ メディアン ($\tilde{x}$)

④ 平方和 (S)

⑤ 不偏分散 (V)

⑥ 標準偏差 (s)

【選択肢】 ア. 2.45　イ. 6.0　ウ. 7　エ. 11　オ. 12　カ. 48

解答・解説

A9　①×　②○　③○　④×　⑤×

②、③は本文の記載のとおり。

① { 2, 3, 3, 7 } の場合、同じデータを取り除くのではなく、(3 + 3)/2 として計算します。測定値が奇数個であれば中央に位置する値となり、偶数個であれば中央の 2 つの値の平均値となります。

④ 平均値 > メディアン > モードになっているとき、一般的にヒストグラムは左に偏った分布となります。
⑤ 不偏分散 (V) は、平方和 (S) を $n - 1$ で割って求めることができます。

A10　　①エ　　②ウ　　③イ
① 平方和

● 公式を利用して計算補助表を使った方法

$$S = \sum x_i^2 - \frac{\left(\sum x_i\right)^2}{n}$$
$$= 112 - \frac{22 \times 22}{5} = 15.2$$

	データ					合計
x	2	3	5	7	5	22
x^2	4	9	25	49	25	112

② 不偏分散

$$不偏分散\ (V) = \frac{S}{n-1} = \frac{15.2}{5-1} = 3.8$$

③ 標準偏差

$$標準偏差\ (s) = \sqrt{V} = \sqrt{3.8} \fallingdotseq 1.95$$

電卓で、 $\boxed{3.8}$ $\boxed{\sqrt{\ }}$ を入力すると上記の数値が得られます。

A11　　①エ　　②ウ　　③オ　　④カ　　⑤イ　　⑥ア
① 平均値

$$平均値\ (\bar{x}) = \frac{\sum x_i}{n} = \frac{99}{9} = 11$$

② 範囲

$$範囲\ (R) = 最大値 - 最小値 = 14 - 7 = 7$$

③ メディアン (中央値)
データを小さい順に並び替えると、次のようになり、奇数なので 5 番目の値となります。

$$\{7, 8, 10, 10, 12, 12, 12, 14, 14\} \quad \tilde{x} = 12$$

④ 平方和

● 公式を利用して計算補助表を使った方法

$$平方和 \ (S) = \sum x_i^2 - \frac{\left(\sum x_i\right)^2}{n}$$
$$= 1137 - \frac{99 \times 99}{9} = 48$$

	データ									合計
x	8	12	14	7	10	10	12	14	12	99
x^2	64	144	196	49	100	100	144	196	144	1137

⑤ 不偏分散

$$不偏分散 \ (V) = \frac{S}{n-1} = \frac{48}{8} = 6$$

⑥ 標準偏差

$$標準偏差 \ (s) = \sqrt{V} = \sqrt{6} \doteqdot 2.45$$

データの取り方・まとめ方

Column 1　不安な人は「4級の手引き」で基礎固めがオススメ

　本書では独学者でもわかるようQC検定3級で問われる内容をていねいに解説していますが、試験対策だけでなく、より深く品質管理について理解したいという人や、統計用語をまったく知らないという人は、試験を実施している一般財団法人日本規格協会がウェブサイトで公開している「4級用テキスト（4級の手引き）」を読んでみるとよいでしょう。50ページ程度の小冊子で、品質管理に関する基礎事項が一から解説されています。

　ちなみに、日本における標準化活動の基盤となっている「工業標準化法」が2018年5月に改正、法律名が「産業標準化法」に変更されました。これに伴い、「日本工業規格」が「日本産業規格」となったため、手引きの改訂版が約5年ぶりに刊行されています。

日本規格協会ウェブサイト「4級用テキスト（4級の手引き）」
https://webdesk.jsa.or.jp/common/W10K0500/index/qc/qc_level4/

第 3 章

QC7つ道具

学習のポイント

　本章では、検定試験で最頻出の「QC7つ道具」について学習します。QC7つ道具は、品質管理において問題解決を図るために使うもので、客観的なデータの収集・分析に役立つ手法です。試験では基礎知識で十分対応できる内容が繰り返し出題されています。細かい知識の習得にこだわるよりも、基本を押さえ、練習問題で実践力を高めていくことが肝要です。

1 パレート図

重点的に改善すべき問題が見えてくる

　パレート図は、図表 3-1 のように、不適合品の原因や現象について項目別に層別し、出現頻度の大きい順に並べて棒グラフで表すとともに、**累積百分率**を折れ線グラフ（**累積曲線**）で表したものです。

　パレート図は、**「どの項目が重要か」を判断するのに適しており、これを重点指向といいます**。例えば、不適合品を不適合の内容別に分類してパレート図を作ると、どの不適合に重点的に取り組むべきかという優先順位がわかります。

　図表 3-1 を見ると、上位 2 つの要因が全体の 80％以上の割合を占めていることがわかるため、この 2 つに重点的に取り組めばよいと誰もが納得できるのです。

図表3-1　パレート図の作成ポイント　〜例：不適合品件数

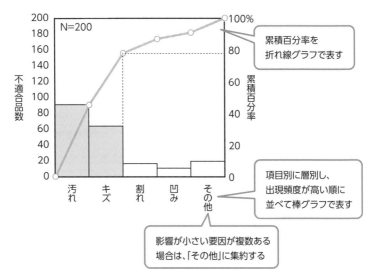

(出典)カイゼンベース株式会社より提供

　パレート図という名称は、「社会全体の所得のおよそ 8 割は、2 割ほどの高額所得者が占めている」という所得分布の経験則（**パレートの法則**）を発表したイタリアの経済学者、ヴィルフレード・パレートの名前に由来しています。

　パレートの法則によると、問題解決では、原因の 20％が結果の 80％を握っ

ているといわれています。これは、問題の解決には、最初からすべての原因を
つぶそうとするのではなく、上位20％の原因をつぶせば、問題の80％が解決
することを示しています。

　例えば、図表3-1における「その他」の中に6つの要因が含まれていたとし
ます。その場合、10個の要因のうち、「汚れ」と「キズ」の2つの要因（上位
20％）で不良という問題全体の80％が解決できることになります。

(1) パレート図の作り方

STEP.1　データを収集し、表にまとめる

　① データを層別し、分類項目を決める

　不適合品について、原因別や内容別などデータの分類項目を決める

　② 期間を決めてデータを取る

　③ 分類項目別にデータを集計し、表にする

　データの数値が大きい順に項目を並べ、最後に「その他」を置きます。

　項目ごとに、データの数値、累積数、百分率、累積百分率を計算しておきま
す。

図表3-2　不適合項目別のデータ（例）

不適合項目	不適合品数	不適合品累積数	不適合品数 百分率	不適合品数 累積百分率
スリきず	250	250	49.0%	49.0%
打ちきず	150	400	29.4%	78.4%
モミきず	50	450	9.8%	88.2%
加工きず	20	470	3.9%	92.2%
ヨゴレ	10	480	2.0%	94.1%
その他	30	510	5.9%	100.0%
合計	510		100.0%	

計算のしかた

　不適合品数百分率＝不適合品数／合計数

　　　〔例〕スリきず　　　250／510 ＝ 0.490…　　**49.0%**

　不適合品数累積百分率＝累積数／合計数

　　　〔例〕スリきず＋打ちきず　　（250 ＋ 150）／510 ＝ 0.784…　　**78.4%**

STEP 2 表をもとに、パレート図を描く

④ 棒グラフを描く

データの数値が大きい項目から順に、左側から棒グラフで表します。

左縦の縦軸には不適合品の件数、右側の縦軸には累積百分率をとります。左軸の不適合品合計数510の位置と、右側軸の累積百分率100％の位置を一致させることに気をつけます。

棒グラフの幅はすべて等しく取り、棒と棒の間は空けません。

⑤ 折れ線グラフを描く

累積数を折れ線グラフで記入します。

スタートは0として、最初の累積数は棒グラフの右肩に、以降は各棒グラフの右肩上に打点し、最後に実線で結びます。

⑥ 表題、工程名などの必要事項を記入する

図表3-3　不適合品件数のパレート図（例）

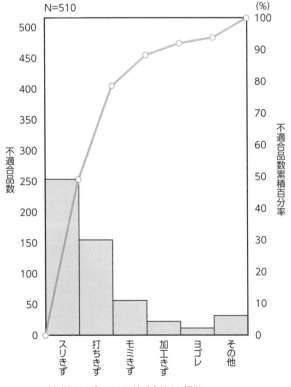

(出典)カイゼンベース株式会社より提供

(2) 作成上の注意点

① 不適合項目の内容によって損失単価が異なる場合は、縦軸には件数よりも損失金額をとったほうが、取り組むべき重要度の高い項目が明らかになる場合があります。件数と金額を併用したパレート図を描くことが大切です。

②「その他」の項目は必ず右端に置きますが、「その他」の項目が極端に多い場合には、項目の分類方法を見直す必要があります。

(3) パレート図の特徴と使い方

①「どの項目がどれくらい問題なのか」が明らかになる

対策をとるべき順序がひと目でわかります。

②「各項目がそれぞれ、どれくらいの割合を占めているか」がわかる

その項目を解決した場合の、全体への効果の度合いがわかります。

③ 改善前と後のパレート図を比較すると、効果を把握しやすい

改善効果の大きさや不良内容の変化を知ることができます。なお、改善前のパレート図と改善後のパレート図は、縦軸の目盛を同じにするのがポイントです。特に、両方の図を横に並べて比較すると、改善度の大きさがよくわかります。

図表3-4　改善前と後のパレート図の比較

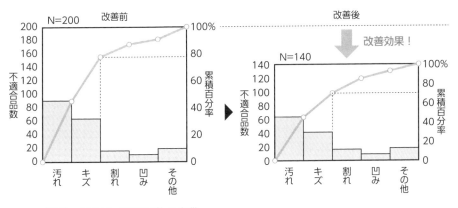

(出典)カイゼンベース株式会社より提供

練習問題

Q1 パレート図に関する次の説明文において、正しいものには○印を、正しくないものには×印を付けよ。

① パレート図の項目は、現象面からの項目だけでなく、原因別パレート図を描くとよい。

② 改善効果の比較で用いる場合は、縦軸の目盛りを合わせる必要はない。

③ パレート図は現象や原因などの項目を件数の大きい順に並べた棒グラフと、その累積百分率を折れ線グラフで表し、どの項目が重要かを判断するのに適している図である。

④ パレート図の縦軸には、金額に換算した数値を用いるとよい場合がある。

Q2 パレート図の作成手順に関する次の文章において、□□□内に入る最も適切な語句を次の選択肢から1つ選べ。ただし、各選択肢を複数回用いることはない。

収集するデータの分類項目を決め、次に期間を決めて実際にデータを取り、集計する。パレート図を描く際には、データの ① に ② から並べかえる。「その他」は最も ③ に置く。

データの大きい順に棒グラフを描く。棒と棒の間は ④ ようにする。累積数を各棒グラフの右肩上に打点して実線で結ぶ。

【選択肢】 ア．小さい順　　イ．大きい順　　ウ．空ける　　エ．空けない

オ．左　　カ．右

Q3

パレート図に関する次の名称において、最も適切な語句を次の選択肢から 1 つ選べ。ただし、各選択肢を複数回用いることはない。

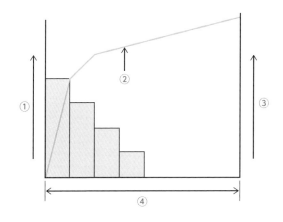

【選択肢】　ア. 件数　　イ. 分類項目　　ウ. 累積百分率　　エ. 累積曲線

解答・解説

A1　　①○　　②×　　③○　　④○

① 次の対策に結びつけるためにも、原因別パレート図が有効です。

② 目盛りを合わせたうえで、横に並べて比較することにより、改善の大きさがひと目でわかります。

A2　　①イ　　②オ　　③カ　　④エ

収集するデータの分類項目を決め、次に期間を決めて実際にデータを取り、集計する。パレート図を描く際には、データの**大きい順**に**左**から並べかえる。「その他」は最も**右**に置く。

データの大きい順に棒グラフを描く。棒と棒の間は**空けない**ようにする。

累積数を各棒グラフの右肩上に打点して実線で結ぶ。

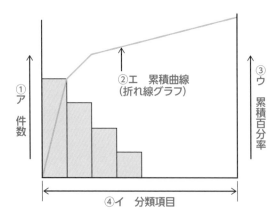

②エ　累積曲線
（折れ線グラフ）

①ア　件数

③ウ　累積百分率

④イ　分類項目

---

2 特性要因図

でる度 ★★★

問題の要因を洗い出し、解決を図るための図

特性要因図とは、特性（結果）と要因（原因）との関係を整理して、1つの図にわかりやすくまとめたものです。JIS Q 9024（日本産業規格「マネジメントシステムのパフォーマンス改善－継続的改善の手順および技法の指針」）では、特性要因図は「特定の結果（特性）と要因との関係を系統的に表した図」と述べられています。

これは日本で生まれた品質管理の手法です。考案者・石川馨氏の名前から石川ダイアグラムとも呼ばれ、また、その形が魚の骨に似ているので、欧米ではフィッシュボーン・ダイアグラム（魚の骨図）とも呼ばれています。

図表3-5　特性要因図

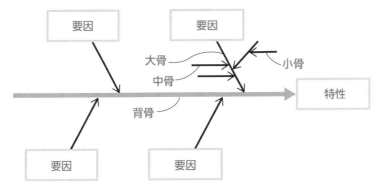

(1) 特性要因図の作り方

❶ 特性（結果）の決定

　特性（結果）を右に書いて　　　　　で囲み、左から太い矢印（魚の背骨）を引きます。

❷ 要因項目の決定

　特性（結果）の要因項目を　　　　　で囲み、太い枝（大骨）と矢印で結びます。大骨の数は4個ぐらいが妥当とされています。

　要因は一般的に **4M** から選びます。4M とは次のそれぞれの頭文字を取ったものです。

・Man（マン）：人　　　　　　・Material（マテリアル）：材料
・Machine（マシン）：機械（設備）　・Method（メソッド）：方法

　方法とは作業方法、人とは作業者を指します。

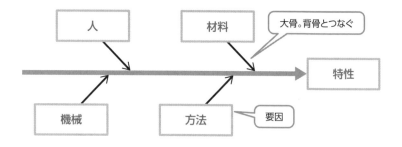

❸ 要因項目の細分化

　問題の原因を要因項目ごとに細分化して細い枝（中骨、小骨）を記入します。具体的なアクションが取れるまで細分化します。

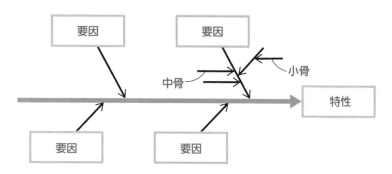

❹ 重要項目のマーク

　特性要因図が一通り完成したら、要因の中でも特に大きく影響していると思われるものに○印を付けます。

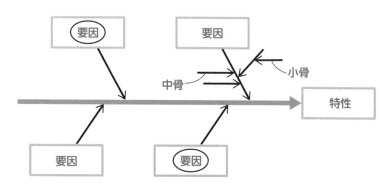

攻略のツボ！

特性要因図は、結果（特性）と原因（要因）の関係を系統的に表した図です。試験対策上は、名称や 4M を知っておけば十分です。

(2) 作成上の注意点

特性要因図を使って問題の原因を見つけ出し、問題解決を図っていくためには、関係する全員が集まって話し合う「ブレーンストーミング（BS）法」という、次のルールにのっとって進めるとよいといわれています。

ブレーンストーミングの 4 原則

❶**他人の意見を批判しない**

批判される場では、アイディアが出にくくなります。

❷**量を重視する（質より量）**

「いいアイディアを出そう」と気を張らず、できるだけ多くのアイディアを出すようにします。

❸**判断・結論を出さない**

どんな意見でも採用します。一人一人が「こんなことを言ったら笑われはしないか」などと考えず、思いついた考えをどんどん言える場にすることが大切です。

❹**アイディアを結合し、発展させる**

他の人の意見に自分のアイディアを加えて発展させ、発表します。

練習問題

Q4 特性要因図の要因として用いられる①～④の 4M について、それぞれ最も適切に表している語句を次の選択肢から 1 つ選べ。ただし、各選択肢を複数回用いることはない。

① Machine

② Man

③ Method

④ Material

【選択肢】　ア．人　　イ．機械　　ウ．方法　　エ．材料

Q5 特性要因図に関する次の説明文において、正しいものには○印を、正しくないものには×印を付けよ。

① 特性に対して、検討すべき要因をリストアップする方法として、特性要因図がある。

② 特性要因図の大骨を 4M に対応させる工夫もある。

③ 特性要因図は、重点指向することができる図である。

④ 特性要因図は、原因と結果を対比させた図式表現であり、不良の原因追及に用いられる。

⑤ 4M とは一般的に「人」「材料」「設備」「モラール」をいう。

Q6 特性要因図に関する次の図において、[____]内に入る最も適切な語句を下欄の選択肢から 1 つ選べ。ただし、各選択肢を複数回用いることとはない。

【選択肢】 ア. 特性 　イ. 大骨 　ウ. 背骨 　エ. 要因 　オ. 中骨

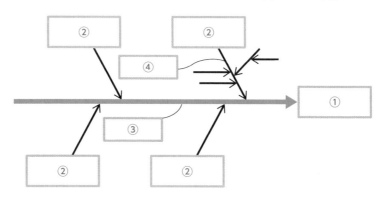

解答・解説

A4 ①イ 　②ア 　③ウ 　④エ

本文の解説を参照してください。

A5 　　①○　　②○　　③×　　④○　　⑤×

① 特性要因図とは、特性（結果）と要因（結果に影響を与える原因）との関係を1つの図に整理してわかりやすくしたものです。

② 大骨で結ぶ要因には、一般的に4Mを選びます。

③ 問題文はパレート図を説明したものです。

⑤ 4Mとは「人」「材料」「機械（設備）」「方法」を表す英語の頭文字を取ったものです。

A6 　　①ア　　②エ　　③ウ　　④イ

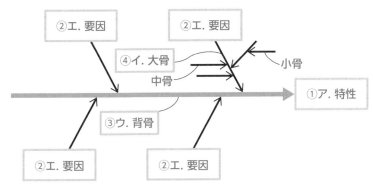

3 チェックシート

でる度 ★★☆

素早い現状把握や確実な点検に役立つツール

　チェックシートとは、調査・点検に必要な項目や点検内容があらかじめ印刷（記載）されている調査用紙です。確認結果を用紙にチェックするだけで簡単にデータの収集や点検ができます。

　チェックシートには2つの種類があります。**現状把握を目的**にした**記録用チェックシート**と**点検・確認を目的**にした**点検用チェックシート**です。

（1）記録用チェックシート

ある目的を達成するために調査し、データを取って記録するチェックシートです。

ポイントは、なるべく簡単な方法でデータを取ることです。観察内容についてマークを入れたり、塗りつぶしたりするだけでデータ収集ができるように作ります。

記録用チェックシートが適した調査には次のようなものがあります。

❶ 不適合位置調査

どのような不良がどこに多く発生するのかを知りたいときに行う調査です。次の図のように、製品のスケッチや図を用意して、不適合が発生するたびに発生位置をマーキングしていきます。

図表3-6　不適合位置調査用チェックシート

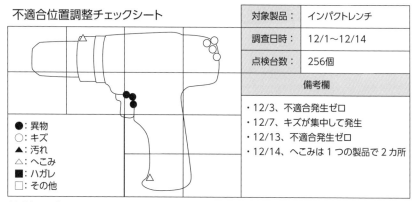

不適合位置調整チェックシート	対象製品：	インパクトレンチ
	調査日時：	12/1～12/14
	点検台数：	256個

凡例
- ●：異物
- ○：キズ
- ▲：汚れ
- △：へこみ
- ■：ハガレ
- □：その他

備考欄
・12/3、不適合発生ゼロ
・12/7、キズが集中して発生
・12/13、不適合発生ゼロ
・12/14、へこみは1つの製品で2カ所

（出典）カイゼンベース株式会社より提供

この記録用チェックシートから、製品の右上の位置にキズができやすく、左側にヘコミが生じやすいことがわかります。

❷ 度数分布調査

特性のばらつきがどのような分布になっているのかを調査するために、記録用チェックシートを使います。

寸法や重量などの計量特性値をあらかじめ区間分けして、データが得られる

たびに斜線（卌）、または「正」の字でチェックを入れていきます。

数値のまま記録するのではないので、簡単に記録でき、状況も把握もしやすいという特長があります。

図表3-7　度数表の例

調査用チェックシート（度数分布表）

No.	寸法	度数	計
1	＋0.8	/	1
2	＋0.6	//	2
3	＋0.4	卌 //	7
4	＋0.2	卌 卌 卌	15
5	±0	卌 卌 卌 卌 卌 /	26
6	−0.2	卌 卌 /	11
7	−0.4	卌 ////	9
8	−0.6	///	3
9	−0.8	/	1

（出典）カイゼンベース株式会社より提供

❸ 不適合項目調査

どのような不適合項目が、どれくらい発生しているかを調べるために使います。あらかじめ不良（不適合）項目名を記入しておき、不良が発生するたびに該当する不良項目欄にチェックを入れていきます。

図表3-8　不適合項目調査用チェックシート

不良項目	4月				5月				6月				合計
	1週目	2週目	3週目	4週目	1週目	2週目	3週目	4週目	1週目	2週目	3週目	4週目	
キズ	正正//	正正	正正		////	///	正正	正正//			正正//	正正//	50
汚れ			正正	//		//							9
異物		///			/	/			正正//	正正//			19
剥がれ			正正	/	/	/	//			//			12
サビ		正正		正正		//				//		/	15
反り					正正//					/	/		9
合計	7	13	15	8	13	5	11	7	12	8	8	7	114
検査者	佐藤	小林	吉田	吉田	吉田	吉田	佐藤	吉田	佐藤	小林	吉田	小林	小林

(出典) カイゼンベース株式会社より提供

(2) 点検用チェックシート

　決められた点検項目を確認するためのチェックシートで、次のようなものがあります。

・設備点検

　設備や機械などの日常点検や定期点検に使います。あらかじめ点検項目を作業手順に従って記入しておき、点検するたびにチェックマークを入れていくもので、点検事項や確認項目をもれなくチェックするのに適しています。

図表3-9　日常点検チェックシート

日常点検チェックシート	職場名	製造1課	ライン名	AXライン		
	月	12月	機械名	ドリリングマシーン		

日付	担当	ポイント番号				
		①	②	③	④	・・・
12/1	佐藤	✓	✓	✓	✓	・・・
12/2	藤澤	✓	✓	✓	✓	・・・
12/3	石井	✓	✓	✓	✓	・・・
12/4	堀	✓	×交換	✓	✓	・・・
12/5		・・・	・・・	・・・	・・・	・・・
・・・						

①ヒューズ
・切れていないか
・ホコリが溜まっていないか

②ベアリング
・潤滑油が供給されているか

③ポンプ
・異常音が発生していないか
・高温になっていないか
・軸がガタついていないか

（出典）カイゼンベース株式会社より提供

攻略のツボ！

チェックシートには、記録用と点検用の2種類があります。その用途を覚えておきましょう。

練習問題

Q7 チェックシートに関する次の文章において、＿＿＿＿内に入る最も適切な語句を次の選択肢から1つ選べ。ただし、各選択肢を複数回用いることはない。

（1）チェックシートには、現状把握を目的とした＿①＿チェックシートと、点検・確認を目的とした＿②＿チェックシートの2種類がある。

（2）上記2つのチェックシートのうち、製品のスケッチに欠点の発生位置をマーキングしていき、どんな不適合がどこに多く発生するのかを知りたいときに用いるのは、＿③＿チェックシートである。

（3）特性のばらつきがどのような分布になっているのかを調査するため

のチェックシートは、　④　に使う。数値のまま記録するのではなく、あらかじめ区間分けしてあるので、容易にチェックできる。

(4) 不良項目名をあらかじめ記入しておき、不良が発生するたびに該当する不良項目欄にチェックを入れて、どのような不適合項目がどれくらい発生しているかを調べるチェックシートを用いるのは、　⑤　である。

【選択肢】　ア.度数分布調査　　イ.点検用　　ウ.不適合位置調査用
　　　　　　エ.記録用　　オ.不適合項目調査

Q8 チェックシートに関する次の文章において、□□□□内に入る最も適切な語句を次の選択肢から1つ選べ。ただし、各選択肢を複数回用いることはない。

不適合項目	6月1日	6月2日	6月3日	6月4日	6月5日	計
A	///	////	卌 /	卌	////	
B	///	//	////	///	卌	
C	卌	卌 ///	//	////	////	
D	/	/	///	卌 ///	卌 //	
その他	////	卌	卌	//	///	
計	16	20	21	22	23	

(1) この5日間で、不適合数が最も多かった不適合項目は　①　で、最も少なかった不適合項目は　②　である。

(2) この5日間のうち、週の前半に対して後半に急激に不適合が増加した不適合項目は　③　である。

(3) 5日間のデータを基にパレート図を作成すると、左端から2番目に描く項目は　④　である。また、右端に描く項目は　⑤　である。

【選択肢】　ア.A項目　　イ.B項目　　ウ.C項目　　エ.D項目　　オ.その他

解答・解説

A7 ①エ ②イ ③ウ ④ア ⑤オ

(1) チェックシートには、現状把握を目的とした**記録用**チェックシートと、点検・確認を目的とした**点検用**チェックシートの2種類がある。

(2) 上記2つのチェックシートのうち、製品のスケッチに欠点の発生位置をマーキングしていき、どんな不適合がどこに多く発生するのかを知りたいときに用いるのは、**不適合位置調査用**チェックシートである。

(3) 特性のばらつきがどのような分布になっているのかを調査するためのチェックシートは、**度数分布調査**に使う。数値のまま記録するのではなく、あらかじめ区間分けしてあるので、容易にチェックできる。

(4) 不良項目名をあらかじめ記入しておき、不良が発生するたびに該当する不良項目欄にチェックを入れて、どのような不適合項目がどれくらい発生しているかを調べるチェックシートを用いるのは、**不適合項目調査**である。

A8 ①ウ ②イ ③エ ④ア ⑤オ

5項目について、5日間の不適合項目を足し合わせると、それぞれ、

ア. A項目 = 3 + 4 + 6 + 5 + 4 = 22 ・・・④2番目に多かった
イ. B項目 = 3 + 2 + 4 + 3 + 5 = 17 ・・・②最も少なかった
ウ. C項目 = 5 + 8 + 3 + 4 + 4 = 24 ・・・①最も多かった
エ. D項目 = 1 + 1 + 3 + 8 + 7 = 20 ・・・③後半に急増
オ. その他 = 4 + 5 + 5 + 2 + 3 = 19 ・・・⑤必ず右端に描く
よって、①ウ ②イ ③エ ④ア ⑤オ となる。

4 ヒストグラム

でる度 ★★★

結果のばらつきの全体像がつかめる柱状グラフ

(1) ヒストグラムとは

縦軸にデータ数（**度数**）、横軸にデータの数値（**計量値**）を取った柱状図を**ヒストグラム**（**度数分布図**）といいます。

ヒストグラムでは、品質特性のばらつきがどうなっているか、どのあたりの値が平均かなどがわかり、**ばらつきの全体像がつかめます**。

(2) 用語

ヒストグラムで使う用語は次のとおりです。

❶区間

級、クラスともいいます。区間の数は一般的に、10個ぐらいが妥当だといわれています。

❷区間の境界値

区間と区間の境界の値です。

❸区間の幅

1つの区間の幅を「h」で表します。

h＝（データの最大値－データの最小値）／区間の数

なお、区間の幅「h」は、最小測定単位の整数倍に丸めます。

❹区間の中心値

区間を代表する中心の値です。

区間の中心値＝（区間の下側境界値＋区間の上側境界値）／2

❺第1区間

データの最小値が存在する区間です。

❻最終区間

データの最大値が存在する区間です。

❼度数

図表3-10　ヒストグラムの例

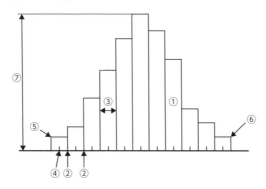

(3) ヒストグラムの作成方法

STEP 1 データ（計量値）を収集する

〔例〕ある部品 100 個について寸法を調べ、そのデータを表にまとめます。

図表 3-11 ある部品の寸法（㎜） $(n=100)$

46.7	48.3	49.0	49.4	47.8	48.1	47.3	48.9	48.5	48.4
46.8	48.3	49.0	49.4	47.8	48.2	47.4	48.9	48.6	48.4
47.2	48.3	49.0	49.5	47.9	48.2	47.5	48.9	48.6	48.4
47.2	48.3	49.0	49.5	47.9	48.2	47.6	48.9	48.6	48.5
47.2	48.4	49.1	49.5	48.0	48.2	47.7	49.0	48.6	48.5
47.3	49.2	50.1	49.6	48.0	48.7	47.7	49.2	48.7	48.5
48.8	49.2	50.1	49.6	48.1	48.7	47.7	49.3	48.7	49.1
48.8	49.3	50.2	49.6	49.7	48.7	50.8	49.4	50.5	49.1
48.8	49.3	49.7	49.7	49.9	48.8	50.9	50.6	49.9	49.1
48.9	51.5	50.3	49.7	49.8	48.8	51.0	50.7	49.8	49.1

STEP 2 データの中の最大値と最小値を求める

〔例〕上の表では、最大値は 51.5、最小値は 46.7 です。

STEP 3 区間の数を求める

区間の数は、図表 3-10 では①の数です。

区間の数 $\fallingdotseq \sqrt{n}$

n はデータ数です。$\sqrt{n}$ を整数値に丸めます。

〔例〕上の表では、データ数は 100 個なので、区間の数 $= \sqrt{100} = 10$ となります。

STEP 4 区間の幅 (h) を求める

図表 3-10 では③です。

$$区間の幅 (h) = \frac{最大値 - 最小値}{区間の数}$$

ここで求めた値を測定のきざみ（最小測定単位）の整数倍に丸めます。

〔例〕上の表では最大値 $= 51.5$、最小値 $= 46.7$、区間の数 $= 10$、最小測定単位 $= 0.1$ なので、

$$区間の幅 (h) = \frac{(51.5 - 46.7)}{10} = 0.48 \quad \rightarrow \quad 0.5 となります。$$

STEP 5 　区間の境界値を求める

図表 3-10 では②を指します。

区間の境界値は、測定のきざみ（最小測定単位）の 1/2 のところにくるように決めます。

第 1 区間の下側境界値＝最小値－測定のきざみ / 2

第 1 区間の上側境界値＝第 1 区間の下限境界値＋区間の幅

第1区間とは、データの最小値が存在する、左端の区間をいいます。

図表 3-10 では⑤です。

〔例〕表では、最小値＝ 46.7、最小測定単位＝ 0.1 なので、

第 1 区間の下側境界値＝ 46.7 － 0.1/2 ＝ 46.65

となり、さらに、

第 1 区間の上側境界値＝ 46.65 ＋ 0.5 ＝ 47.15　となります。

よって、第 1 区間は 46.65 ～ 47.15 となります。

STEP 6 　区間の中心値を求める

図表 3-10 では④です。

$$区間の中心値 = \frac{区間の下側境界値＋区間の上側境界値}{2}$$

〔例〕表では、第 1 区間の下側境界値＝ 46.65

第 1 区間の上側境界値＝ 47.15　から、

$$第 1 区間の中心値 = \frac{46.65+47.15}{2} = 46.90　となります。$$

STEP 7 　最終区間まで、区間の境界値と中心値を求める

最終区間とは、図表 3-10 では⑥です。最終区間に至るまで、繰り返し境界値と中心値を求めます。

STEP 8 　度数表を作成する

データの度数をカウントし、度数表にまとめます。

図表3-12 ある部品の寸法（㎜）

No.	区間			中心値	度数チェック	度数
1	46.65	～	47.15	46.90	//	2
2	47.15	～	47.65	47.40	HHH ///	8
3	47.65	～	48.15	47.90	HHH HHH /	11
4	48.15	～	48.65	48.40	HHH HHH HHH HHH	20
5	48.65	～	49.15	48.90	HHH HHH HHH HHH HHH	25
6	49.15	～	49.65	49.40	HHH HHH HHH	15
7	49.65	～	50.15	49.90	HHH HHH	10
8	50.15	～	50.65	50.40	////	4
9	50.65	～	51.15	50.90	////	4
10	51.15	～	51.65	51.40	/	1
計						100

STEP 9 ヒストグラムを作成する

上限規格（S_U）、下限規格（S_L）、平均値 $\bar{x}$ がある場合は記入します。

図表3-13 ヒストグラム

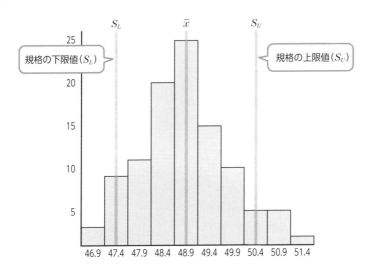

前図のように**規格値の線を記入すると**、規格からはずれているデータがどれくらいあるか、規格の中心とばらつきの中心との一致はどうかなどがわかりやすくなります。

(4) ヒストグラムの見方

出来上がったヒストグラムの形状から、それぞれ、次のようなことが読み取れます。

❶ 一般型 ・・・ 中心が高く、左右対称に低くなっていく

一般的に見られる形で、工程が管理されて安定した状態のときにできる分布です。**統計的管理状態**といいます。

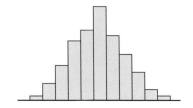

❷ 離れ小島型 ・・・ 一般型から離れた位置に少数のデータがある

右端あるいは左端に離れた少数のデータがある場合、原材料に違う種類のものが混入しているなど、工程に異常があると考えられます。

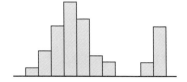

❸ 絶壁型 ・・・ 端が切れて、絶壁のような形状になっている

右端あるいは左端が切れている形状の分布図は、規格値を飛び出したものがあり、その部分を選別して取り除いたときなどにできます。

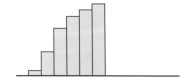

❹ 歯抜け型 ・・・ 区間の1つおきに度数が少なくなっている

測定が不十分なときや、ヒストグラムを描くときの区間分けの方法がよくないなどの原因でできる分布です。

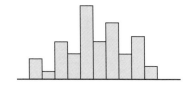

❺ 二山型 ・・・ 中心付近が低く、左右に高い山がある

　平均値の違う2つのデータが混ざっているときにできます。

　例えば、2台の異なる機械に対するデータや作業スキルの異なる2人の作業者のデータなど、異なる要因が含まれたデータを1つのヒストグラムで描くとこのような分布になることがあります。

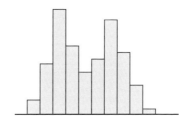

練習問題

Q9 ヒストグラムについて述べた次の①〜⑥の文章について、最も適しているものを次の図から選べ。ただし、各選択肢を複数回用いることはない。

① 一部、規格から外れている観測値がある。それらの詳細を調べ、発生の未然防止策を考える必要がある。

② 平均値の異なる2つのグループが混在しているので、層別する必要がある。

③ 観測値の最終桁の数字のクセや、度数分布のクラス分けを確認する。

④ 選別が行われたふしがある。選別を不要にするための改善策を検討する。

⑤ 統計的管理状態にある。

⑥ データが規格内の右側に偏って分布している。平均をできるだけ規格の中央に移動させることが望まれる。

【選択肢】

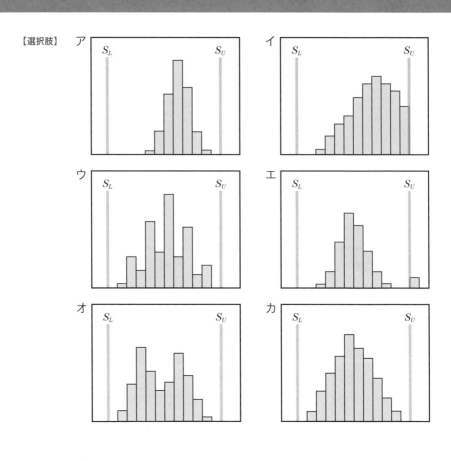

Q10 ヒストグラムに関する次の図において、①〜⑤に対応する最も適切な語句を次の選択肢から1つ選べ。ただし、各選択肢を複数回用いることはない。

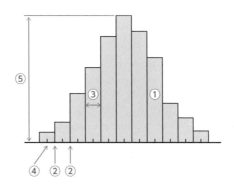

【選択肢】　ア．区間　　イ．度数　　ウ．区間の境界値　　エ．規格の幅

　　　　　　オ．区間の幅　　カ．区間の中心値

Q11 ヒストグラムに関する次の文章において、□□□□□内に入る最も適切なものを次の選択肢から1つ選べ。ただし、各選択肢を複数回用いてもよい。

ある部品を生産している工程から 100 個のサンプルをランダムに抜き取り、その重さ（単位：g）を測定した。測定単位は 0.1、最大値 = 30.3、最小値 = 25.5 であった。

このデータをもとに、下記の手順で度数表を作成する。

手順1　仮の区間の数を求める。

　　　　　仮の区間の数は、データ数の　①　を求めて、その値に近い整数とする。

　　　　　この例では、仮の区間数の値は　②　となる。

手順2　区間の幅（h）を求める。

　　　　　区間の幅（h）は　③　を　④　で割り、　⑤　の整数倍に丸める。

　　　　　この例では、区間の幅は　⑥　となる。

手順3　第1区間の下側境界値を求める。

　　　　　第1区間の境界値は、　⑦　から　⑤　の　⑧　倍を引いて求める。

　　　　　この例では、第1区間の下側境界値は　⑨　となる。

手順4　第1区間の上側境界値を求める。

　　　　　この例では、第1区間の上側境界値は　⑩　となる。

手順5　第1区間の中心値を求める。

　　　　　区間の中心値は　⑪　/ 2 で求める。この例では、　⑫　となる。

手順6　各区間の境界値、中心値を求める。

手順7　各区間に入るデータ数、度数をカウントし、度数表を完成させる。

【選択肢】　ア．平均　　イ．範囲　　ウ．平方根　　エ．測定単位　　オ．最小値

　　　　　　カ．最大値　　キ．区間の下側境界値＋区間の上側境界値

　　　　　　ク．最大値と最小値の平均値　　ケ．0.1　　コ．1/2（0.5）

　　　　　　サ．1/3　　シ．10　　ス．25.45　　セ．25.40

　　　　　　ソ．25.70　　タ．25.95　　チ．仮の区間数

A9

① エ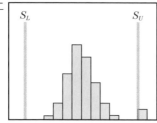

離れ小島型。原材料に違った種類のものが混入しているときなどにできる分布です。

② オ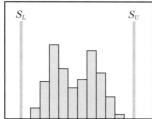

二山型。平均値の異なる2つのグループが混在しているためにできる分布です。

③ ウ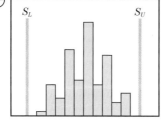

歯抜け型。測定が不十分なときや、ヒストグラムの区間分けのやり方がよくなかったりしたときにできる分布です。

④ イ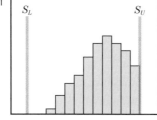

絶壁型。規格値を飛び出したものがあったため、その部分を選別して取り除いたときなどにできる分布です。

⑤ カ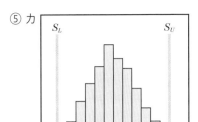

一般型（正規分布型）。統計的管理状態にある分布といえます。

⑥ ア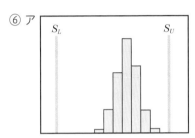

データが規格内の片側に偏って分布しています。

A10　　①ア　　②ウ　　③オ　　④カ　　⑤イ

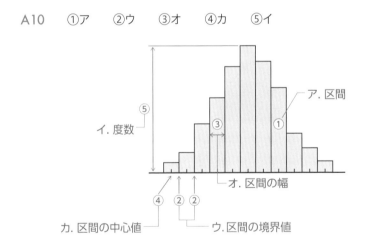

A11　　①ウ　　②シ　　③イ　　④チ　　⑤エ　　⑥コ　　⑦オ
　　　　⑧コ　　⑨ス　　⑩タ　　⑪キ　　⑫ソ

① 仮の区間の数の求め方は次のとおり。

123

区間の数≒$\sqrt{n}$（n のウ. 平方根）を整数値に丸めます。

② この例では、データ数が 100 個なので、区間の数＝$\sqrt{100}$ ＝シ. 10 となります。

③、④ 区間の幅（h）を求める式は次のとおり。

$$区間の幅（h）= \frac{イ.範囲}{チ.仮の区間数} = \frac{最大値 - 最小値}{仮の区間数}$$

⑤ ここで求めた値を測定のきざみ（エ. 測定単位）の整数倍に丸めます。

⑥ この例では、範囲＝4.8、仮の区間数＝10、測定単位＝0.1 なので

$$区間の幅（h）= \frac{30.3 - 25.5}{10} = 0.48 \qquad コ.0.5$$

⑦、⑧ 区間の境界値は、測定のきざみ（最小測定単位）の 1/2 のところにくるように決めます。

第 1 区間の下側境界値＝オ. 最小値 - 測定のきざみ×コ. 1/2

⑨ この例では、最小値＝25.5、最小測定単位＝0.1 となるため、

第 1 区間の下側境界値＝25.5 - 0.1/2 ＝ス. 25.45　となり、

⑩ 第 1 区間の上側境界値＝第 1 区間の下限境界値＋区間の幅

＝25.45 ＋ 0.5 ＝タ. 25.95　となります。

⑪ 区間の中心値を求める式は次のとおり。

$$区間の中心値 = \frac{キ.区間の下側境界値 + 区間の上側境界値}{2}$$

⑫ この例では、第 1 区間の下側境界値＝25.45

第 1 区間の上側境界値＝25.95　から、

$$第 1 区間の中心値 = \frac{25.45 + 25.95}{2} ＝ソ. 25.70　となります。$$

---

5 散布図

でる度 ★★★

対応する 2 組のデータ x、y の相互関係を見える化する

散布図とは、**関連のありそうな 2 つのデータを横軸と縦軸それぞれに取り、観測値を打点して作る図**です。例えば、特性と特性、要因と要因、特性と要因をそれぞれ横軸（変数 x）、縦軸（変数 y）に取り、どのような相互関係があるかを見ます。

身近な2つの特性である「身長と体重」を例として、散布図を作成してみましょう。ある10人の「身長と体重」のデータを集めたところ、下表のようになりました。身長の単位はcm、体重はkgです。

図表3-14　身長と体重のデータ

身長	176	171	165	174	171	172	167	171	177	157
体重	61	74	56	66	68	63	53	58	78	45

　身長をx座標、体重をy座標に取ると、散布図は下図のようになります。

図表3-15　身長と体重の散布図

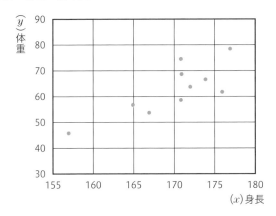

　この散布図を見ると、右にいくほど点の位置が高くなっているので、「背が高い人ほど体重が重い」という、2つの対になったデータ相互の関係を読み取ることができます。

散布図の見方

❶ 正の相関がある

　xが増加するとyも直線的に増加する傾向が強い場合に「**正の相関がある**」といいます。xが要因でyが特性の場合には、xを正しく管理すれば、yも管理できます。

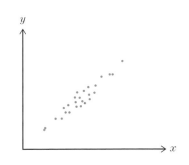

❷ 負の相関がある

　x **が増加すると** y **が直線的に減少する**傾向が強い場合に「**負の相関がある**」といいます。正の相関の場合と同様に、x が「要因」で y が「特性」の場合には、x を正しく管理すれば、y も管理できます。

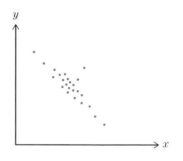

❸ 正の相関がありそうだ

　x が増加すると y も増加する傾向があるが、その関係が明確でない場合に、「**正の相関がありそうだ**」といいます。y 値が x 以外の影響を受けていることが考えられるので、他の要因との関係も探して管理する必要があります。

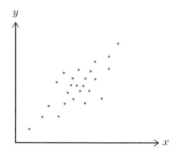

❹ 負の相関がありそうだ

　x が増加すると y も減少する傾向があるが、その関係が明確でない場合に、「**負の相関がありそうだ**」といいます。③の場合と同様に、x 以外の要因も探して管理する必要があります。

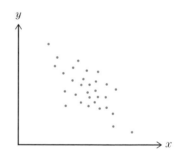

❺ 相関がない

　x が増加しても y の値に変化が見られない場合、「**相関がない**」といいます。x 以外で、y と相関のある要因を見つける必要があります。

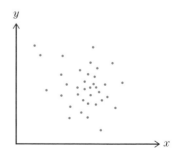

❻ その他の関係

　x と y に見られる相関関係が直線的ではなく、曲線的な場合があります。この場合は、x を x^2 に置き換えて二次関数で考えるなどすると、関係性が見られることがあります。

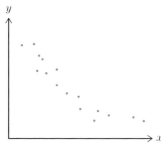

攻略のツボ！

正・負の相関はもちろん、曲線的な場合でも相関があることを理解しましょう。

練習問題

Q12 次の散布図に関する考察結果の文章において、最も適切な散布図を次の選択肢から1つ選べ。ただし、各選択肢を複数回用いることはない。

① 2つのグループに層別して、散布図を作成し直す必要がある。

② 異常値（外れ値）があるので、そのデータの原因を調べる必要がある。

③ 正の相関が見られる。

④ x が増えても y の値に変化が見られない。

⑤ y に対して x は直線的な関係以外の相関が見られる。

【選択肢】　ア

イ

ウ

エ

オ

Q13 散布図に関する次の説明文において、正しいものには○印を、そうでないものには×印を記せ。

① 特性と要因の 2 つのデータを用いて散布図を作成する際には、縦軸に特性値を、横軸には要因の数値を取る。

② 点の推移に右肩上がりの傾向がある場合は、一方の変数 x が増加したとき、もう一方の変数 y の値は減少する傾向にある。

③ 散布図は、重点指向をするために使うことができる。

④ 散布図を描くには、度数表を作成する必要がある。

解答・解説

A12　　①ウ　　②オ　　③ア　　④エ　　⑤イ

① ウ

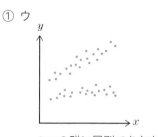

2つの群に層別できます。

② オ

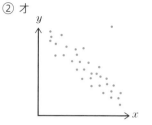

負の相関がありそうですが、
異常値が1つ見られます。

③ ア

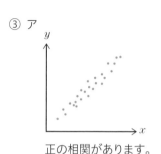

正の相関があります。

④ エ

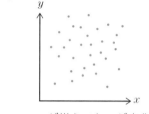

x が増えても y が変化するとはい
えないので、相関がありません。

⑤ イ

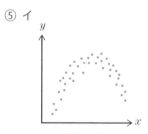

曲線関係が見られるので、二次
関数などで考えてみます。

A13　　①○　　②×　　③×　　④×

① 散布図で特性と要因の関連を見る場合、一般的に縦軸に特性（変数 y）、横軸に要因（変数 x）を取ります。

② 右肩上がりの傾向がある場合は、正の相関があるので、増加傾向にあるといえます。

③ 重点指向での検討に適しているのは、パレート図（96ページ）です。

④ 度数表を作成する必要があるのは、ヒストグラム（113ページ）です。

6 グラフ

でる度 ★★☆

視覚的にデータを表し、把握・分析・共有を容易にする

　グラフは、**データの全体像や時間の経過による変化の特徴などを把握しやすくするために、データを視覚的に表したもの**です。数字だけではなかなか読み取りにくいデータも、グラフ化することで分析や共有が容易になります。ここでは、折れ線グラフ、棒グラフ、円グラフ、レーダーチャート、ガントチャートについて解説します。

(1) 折れ線グラフ

特徴

- 時間による変化や傾向をつかみたいときに使う
- データの増減を見るのに適している
- 縦軸に数量、横軸に時間を取る
- 点の高低で数量の大小を表す

　折れ線グラフは、横軸に年や月などの「時間」を、縦軸に「データ量」を取り、それぞれのデータを線で結んだグラフです。

図表3-16　折れ線グラフの例

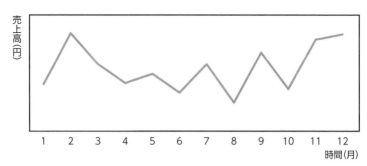

　1月から2月は線が右上がりとなってその期間は売上高が増加し、2月から4月は右下がりとなり、売上高が減少していることが一目でわかります。

(2) 棒グラフ

特徴

- データの大小を比較するのに適している
- 棒の長さで数量の大小を表す

　棒グラフは、縦軸に数量を取り、棒の長さでデータの大小を表します（まれに縦横が逆の場合もあります）。

図表3-17　棒グラフの例

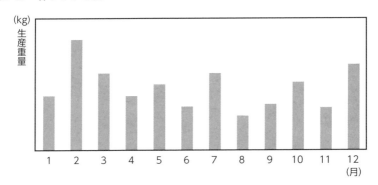

(3) 円グラフ

特徴

- 全体を円で表し、扇形の面積で各項目の割合を表す
- 内訳を表現するのに優れている

　円グラフは、360度の真円を全体として、その中に占める構成比を扇形で表すグラフです。扇形の面積によって構成比の大小がわかるので、構成比を示すのに使われます。次に、円グラフの実例も示しておきましょう。日本のCO_2排出量比や、その日本を含めた8カ国で総排出量の6割強を占めていることなどがわかります。

図表3-18　円グラフの例（世界CO₂排出量）

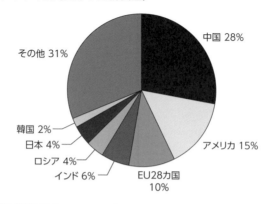

（出典）IEA「CO₂ emissions from fuel combustion 2018」を元に作成

(4) レーダーチャート

特徴

- 中心から項目の数だけレーダー状に直線を引いて、数値を表す
- 項目評価の把握などに用いる
- 過去のデータとの比較がしやすい

　レーダーチャートは、項目を評価する場合に用います。図は5教科の平均点と自分の点数の比較を表したものです。

図表3-19　レーダーチャートの例

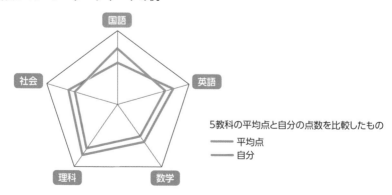

(5) ガントチャート

特徴

- 縦軸に項目、横軸に日付を取り、計画と実績を表す
- 日程計画やその進捗管理に利用する

ガントチャートは、図のように計画を白抜き、実績を黒抜きの棒線で表し、計画に対する進捗を管理していく場合などに用いられます。

図表3-20　ガントチャートの例

		1	10	20	30	(日)
A	計画					
	実績					
B	計画					
	実績					
C	計画					
	実績					

練習問題

Q14 グラフに関する次の文章において、最も適切な名称とグラフを次の選択肢から1つずつ選べ。ただし、各選択肢を複数回用いることはない。

(1) 製品売上高の月毎の推移

(2) ある製品の部品寸法（mm）の分布

(3) 総売上高に占める各製品の割合

(4) 個人ごとの複数項目からなる血液検査の結果

【選択肢】　名称

　　ア．散布図　　イ．レーダーチャート　　ウ．円グラフ

　　エ．ヒストグラム　　オ．折れ線グラフ

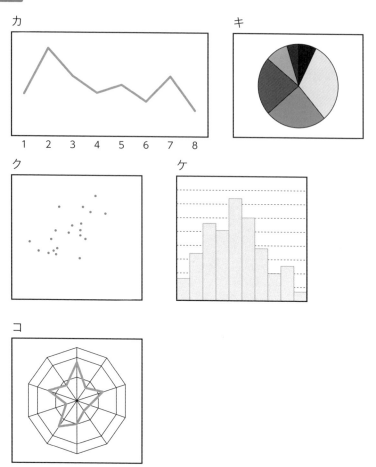

グラフ

カ

キ

ク

ケ

コ

Q15 グラフに関する次の文章において、☐☐☐☐内に入る最も適切な語句を次の選択肢から1つ選べ。ただし、各選択肢を複数回用いることはない。

(1) 1年間(1月〜12月)の毎月の売上高の ① をグラフ化して、どの月の売上が高いのかを調べたい。このときに用いる最適なグラフの名称は ② である。

(2) 1年間(1月〜12月)の売上高を製品ごとにデータを集計し、 ③ で数量の大きさを表し、製品ごとの売上高を把握したい。この

ときに用いる最適なグラフの名称は ④ である。

(3) 目標売上を達成するために、計画的に販売活動を進めることが大切
である。手法として ⑤ を棒線で表示し、活動の進捗を管理していく。
このときに用いる最適なグラフの名称は ⑥ である。

(4) 1年間のデータを10店舗ごとに集計し、各店舗の売上高の占有率
を円の面積で表したい。このときに用いる最適なグラフの名称は ⑦
である。

【選択肢】　ア . 円グラフ　　イ . 折れ線グラフ　　ウ . 棒グラフ
　　　　　エ . ガントチャート　　オ . 層別　　カ . 計画と実績
　　　　　キ . 棒の長さ　　ク . 時系列変化

解答・解説

A14

(1) オ、カ

折れ線グラフは、時間的な変化や傾向をつかみたいときに使います。縦軸に数
量の大きさを、横軸に時間の経過を取ります。

(2) エ、ケ

ヒストグラムは、品質特性値が計量値であるときに、その特性値の分布がどの
ような状態・姿になるのかを知りたいときに使います。

(3) ウ、キ

円グラフは、円で全体を表し、その内訳について扇形の面積で各項目の割合を
表すときに使います。

(4) イ、コ

レーダーチャートは、複数の項目を比較するときに使います。

A15　　①ク　　②イ　　③キ　　④ウ　　⑤カ　　⑥エ　　⑦ア

(1) 1年間 (1月〜12月) の毎月の売上高の**時系列変化**をグラフ化して、どの
月の売上が高いのかを調べたい。このときに用いる最適なグラフの名称は**折れ
線グラフ**である。

(2) 1年間 (1月〜12月) の売上高を製品ごとにデータを集計し、**棒の長さ**で
数量の大きさを表し、製品ごとの売上高を把握したい。このときに用いる最適
なグラフの名称は**棒グラフ**である。

（3）目標売上を達成するために、計画的に販売活動を進めることが大切である。手法として**計画と実績**を棒線で表示し、活動の進捗を管理していく。このときに用いる最適なグラフの名称は**ガントチャート**である。

（4）1年間のデータを10店舗ごとに集計し、各店舗の売上高の占有率を円の面積で表したい。このときに用いる最適なグラフの名称は**円グラフ**である。

---

7 層別

同じ特徴を持つグループにデータを分けると、重要な原因が明らかに

層別とは、一言でいうと「分けること」を意味します。具体的には、**同じ特徴を持つグループに、データを分ける**ことです。

また、他のQC7つ道具と同じように、層別単独で使うのではなく、他の7つ道具であるパレート図、ヒストグラム、散布図などと組み合わせて使うと、より効果的で、大きな力を発揮します。

層別の方法

❶原料で分ける

　【例】メーカー別、ロット別、産地別、サイズ別

❷機械で分ける

　【例】加工方法別、号機別、工程別、治工具別

❸人で分ける

　【例】経験別、年齢別、男女別

❹時間で分ける

　【例】時間別、日別、週別、月別、曜日別

（1）パレート図の例

2台の機械で生産し、その不適合品の状況を把握する際、すべてのデータで1つのパレート図を作成すると問題点を発見しにくい場合があります。次図の

ように機械別に分けて作成すると、機械ごとの問題点が明らかになり、効果的な対策が可能となります。

図表3-21　機械別で分けた層別の例

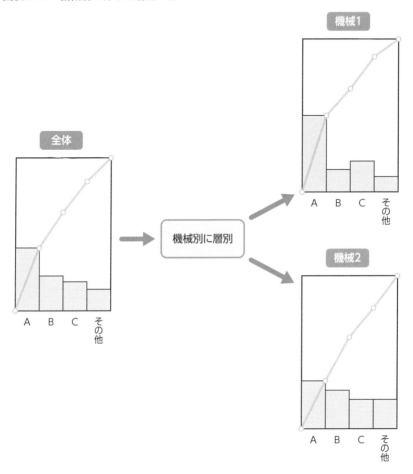

(2) 散布図の例

　散布図も、層別して作成すると、より正確に状況をつかむことができ、問題解決に役立つことがあります。

　例えば、次の散布図では、作業者ごとに層別してみると、1人は「正の相関関係」、別の人は「負の相関関係」になっていたとわかり、より適切な指導や教育、対策に生かすことができるようになります。

図表3-22　作業者別で分けた層別の例

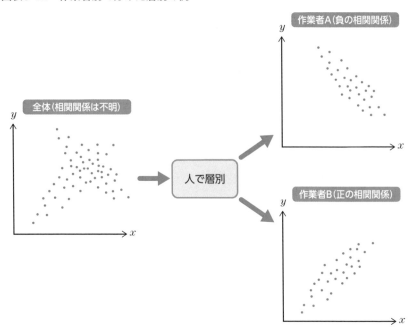

(3) ヒストグラムの例

　製造工程で2社から原材料を購入していた場合、すべてのデータでヒストグラムを作成すると「二山（ふたやま）型」になる場合があります。メーカー別に分けると右図のようになり、メーカーごとの対策が可能となります。

図表 3-23　原材料別で分けた層別の例

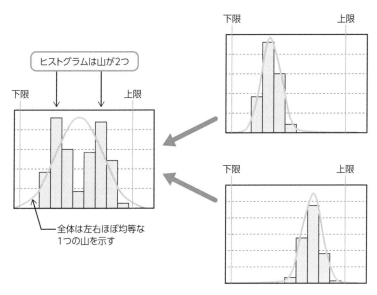

攻略のツボ！

層別とは分けることです。分けることは品質管理の基本となります。

Column 2

得点力UP！ スマホで調べるスキマ学習（実践編）

　以下には、QC検定で問われる重要用語を挙げています。本書は最小の努力で最短合格ができるように構成されていますが、より高得点を目指す方は、スキマ時間などを有効活用してスマートフォンなどで以下の用語について調べ学習を行うことで、知識の拡充を図りましょう。

QC的なものの見方・考え方

☑ マーケットイン　☑ プロダクトアウト　☑ Win-Win　☑ 品質第一
☑ 後工程はお客様　☑ プロセス重視　☑ 特性・要因　☑ 再発防止・未然防止
☑ 源流管理　☑ 目的志向　☑ QCD+PSME　☑ 重点指向
☑ 三現主義　☑ 見える化　☑ 全員参加　☑ ES（従業員満足）

品質の概念

☑ 要求品質　☑ ねらいの品質　☑ できばえの品質　☑ 品質特性
☑ 代用特性　☑ 当たり前品質　☑ 魅力的品質　☑ 社会的品質
☑ CS（顧客満足）

管理の方法

☑ PDCA　☑ SDCA　☑ 継続的改善
☑ 問題解決型QCストーリー　☑ 課題達成型QCストーリー

品質保証

☑ 結果の保証　☑ プロセスによる保証　☑ 品質保証体系図
☑ QFD（品質機能展開）　☑ FMEA　☑ FTA
☑ 品質保証のプロセス　☑ 保証の網（QAネットワーク）
☑ 環境配慮　☑ 製造物責任　☑ 作業標準書　☑ QC工程図
☑ フローチャート　☑ 工程異常　☑ 工程能力検査　☑ 適合・不適合
☑ 計測　☑ 測定誤差　☑ 官能検査　☑ 感性品質

品質経営の要素

☑ 方針管理　☑ 業務分掌　☑ 管理点　☑ 点検点
☑ 標準化　☑ 社内標準化　☑ 産業標準化　☑ QCサークル活動

品質経営の要素

☑ 品質マネジメントの原則　☑ ISO9001

第 **4** 章

新QC7つ道具

学習のポイント

　この章では、新QC7つ道具について学習します。第3章で解説したQC7つ道具が数値データに基づく分析手法であるのに対し、新QC7つ道具は、言語データを図形化・視覚化して表現する定性的分析手法です。レベル表では、定義と基本的な考え方を問うとされており、ここでは各手法のキーワードと概念図を理解すれば試験対策は十分です。

1 親和図法

でる度 ★★★

問題を言語化・グループ化して表現

　親和図法は、現時点でハッキリとしていない将来の問題、これまで経験したことのない分野の課題などについて事実・意見・発想を言語データとして、簡潔な文章にしてカード化します。そして、**それぞれのよく似ているカードを集めて親和性（よく親しみ合う）によって統合した図を作成することで、何が問題なのかを明らかにしていく方法**です。

図表4-1　親和図のイメージ

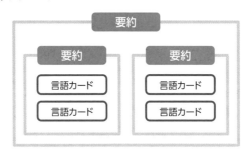

　言語カードで意味が似ているカード同士を集めて要約した**親和カード**を作成します。これらの親和カードをもとにして、さらに抽象化させて親和カード同士を包含するような親和カードを作成していきます。このように順次、言語データの抽象度を高めていくことで、問題を部分的ではなく包括的・全体的に何が問題なのかを捉えて把握することができ、対策をとることができます。

・親和図の作り方

① まず、テーマを決めます。
② BS（ブレーンストーミング）などによって、言語データを集めます。言語データは1カードに1つ、10 〜 20文字程度の文字数で具体的に文章化します。
③ 2、3枚ずつを目安に、意味が似ているカードを合わせていきます。ここでは、単に分類するのではなく、あくまでも文章の意味の近さ（親和性）を基準としてグルーピングします。

④ グループ化したカードの意味の共通個所を考慮して1つの文章に要約し、親和カードを作ります。

⑤ カード合わせと親和カード作りを繰り返し、図解化します。

2 連関図法

でる度 ★★★

複雑な問題に対して因果関係を論理的に図示

連関図法とは、**結果－原因などが絡み合った複雑な問題に対して、因果関係や要因相互の関係を論理的に明らかにすることで問題を解決していく手法**です。特性と要因の関係を整理する手法としては、特性要因図がありますが、特性に対して同じ要因が何回も出てくるような、要因が複雑に関係している場合に使用すると効果的です。

図表4-2は結果（特性）－原因（要因）系を示した連関図のイメージです。真ん中の2重線で囲んだ部分にはテーマを記入し、その原因はなぜか、なぜかと絞り込んでいきます。このように因果関係を明らかにして論理的につないでいくことで、解決策を見出していくことができます。

攻略のツボ！

矢線の多く出ている要因は他の要因との関連が強く、根本的な要因であることが多く、問題の全容が把握できます。

図表4-2 連関図のイメージ

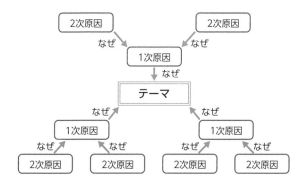

・連関図の作り方

① テーマ（問題点）を決めます（用紙の中央にテーマを書きます）。

② テーマの1次原因を考えてカード化（1カードに1つの原因を文章化）していき、1次原因を複数作成します。

③ 1次原因のカードをテーマの周辺に配置し、テーマとカードを矢線でつなぎます。

④ 出てきた1次原因を結果ととらえて、2次原因を②と同様にカード化していきます。そして、2次原因のカードを配置し、関連のある1次原因と矢線でつなぎます。

⑤ 3次原因、4次原因と、深く掘り下げていきます。繰り返し考え得る3次原因、4次原因を複数作成します。ここでは、1つの原因カードから複数の結果カードを関連付けていきます。

⑥ カード間の因果関係や他にモレなどないかを確認し、全体を見直します。

⑦ 主要な原因を検討します。

3 系統図法

でる度 ★★★

目的を達成するための手段を系統的に展開

系統図法とは、**目的や目標を達成するための手段、方策を系統的に（目的－手段、目的－手段と）具体的実施段階のレベルまで展開して聞いていくことで、目的・目標を達成するための最適な手段を追求していく方法**です。

最終的に到達したい目的については、簡潔で具体的な文章にします。

手段は「○○をする」「○○を××する」のように、短文にして2つ以上の内容が文章に入らないようにします。

また、それぞれの手段、方策が「目的→手段、目的→手段」の関係として正しく把握できるよう図解していきます（系統図といいます）。実施レベルまで展開した手段と評価項目（効果・実現性など）を組み合わせることで、最適策を評価すると、より効果的になります。

図表4-3　系統図のイメージ

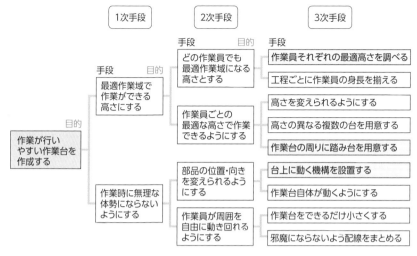

(出典)カイゼンベース株式会社より提供

・系統図の作り方

① 解決したい問題を「〜を○○するためには」という内容の文章にします。これを「目的」とします（用紙の左端中央に目的を書きます）。

② 目的を達成するための「1次手段」を議論し、2〜3枚程度抽出してカードに書きます。そして、1次手段のカードを、目的の右側に並べます。

③ 今度は「1次手段」を目的として、これを果たす手段を「〜を○○する」とカードに書きます。

④ 以下同じようにして、2次手段、3次手段を検討し、カードに記入して用紙に配置していきます。

⑤ 4次手段まで展開できたら、再度、目的から4次手段までを見直します。次に、4次手段から逆に目的を確認して、必要に応じてカードを整理して追加します。

⑥ 完成した系統図の手段に対して、重要性・経済性・実現性・効果などの面から優先順位などを決めます。

攻略のツボ！

親和図法は「言語カード−要約」、連関図法は「テーマ−なぜ」、系統図法は「目的−手段−目的」と違いを押さえておきましょう。

4 マトリックス図法

でる度 ★★★

要素間の関連性をマトリックスで示す

　マトリックス図法とは、新製品開発や問題解決において、**問題としている事象の中から、対になる要素を見つけ出して、これを行と列に配置し、その2元素の交点に各要素の関連の有無や関連の度合いを表示することにより、問題解決を効果的に進めていく方法**です。

　図表4-4のように、行と列に配列された対になる要素 (A, B) 間の関連性に注目して整理することで作成します。

図表4-4　マトリックス図法のイメージ

A＼B	b₁	b₂	b₃	b₄
a₁	○			○
a₂			○	
a₃		○		
a₄			○	

5 マトリックス・データ 解析法

でる度 ★☆☆

唯一数値データで分析する新QC7つ道具

　マトリックス・データ解析法とは、**マトリックス図で要素間の関連が数値データで得られ、定量化できた場合、計算によって関連性を整理する方法**です。この手法は、言語データを扱う新QC7つ道具のなかで唯一、数値データを扱う

解析法です。得られたデータをもとにして、1級試験で出てくる主成分分析法などの高度な分析を行います。

3級試験における選択問題で、問題文の中に「数値データ」といった語句があれば、迷わずマトリックス・データ解析法を選びましょう。

 # 6 アローダイアグラム法 でる度 ★★☆

矢印と結合点で効率的な進捗管理を行う

アローダイアグラム法とは、**計画を推進するために必要な作業の順序を矢線と結合点を用いた図で表し、日程管理上の重要な経路を明らかにすることで効率的な日程計画を作成するとともに、計画の進捗を管理する手法**です。

このとき図形化されたものを**アローダイアグラム**と呼びます（図表4-5）。

この手法は、計画の段階における①並行作業や前後作業の確認、②日程的に最も余裕のないルート（クリティカル・パス）の確認、③目標納期へ合わせるための計画の調整などに活用することができます。

図表4-5　アローダイアグラムのイメージ

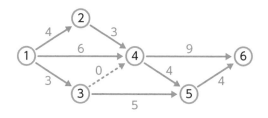

- 作業（ ——➡ ）：　作業は矢印で表され、時間を必要とする順序関係を示します。
- 結合点（ ◯ ）：　結合点は作業と作業を結びつけるときに用います。一般的に◯の中には、1, 2, 3と順番を記入します。
- ダミー（ ---➡ ）：　点線の矢印で表され、作業時間ゼロの架空の作業を示しています。

7 PDPC法

事前の対応で望ましい結果に導く手法

　PDPC（Process Decision Program Chart）法とは、**慢性的な不良の発生や研究開発、営業活動などのようにリスクが予測される事態に対し、あらかじめ対応策を検討し、事態を望ましい結果に導くための手法**です。

　図表4-6は、事態を予測しながら時間の順に従って矢線でつないだ図です。ある方策が予定どおりにいかなくとも、必ず別の方策で乗り越えられるようにします。PDPC自体も事態の変化に対応して書き換えていきます。

図表4-6　PDPCのイメージ

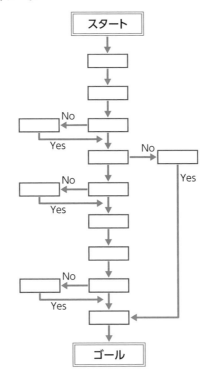

Q1 新QC7つ道具に関する次の文章において、[____]内に入る最も関連の深い語句を次の選択肢から選べ。ただし、各選択肢を複数回用いることはない。

(1) 親和図法とは、未来・将来の問題など、ハッキリしていない問題について事実、意見、発想を言語データとして捉え、それらの相互の [①] 性によって統合した図を作ることにより、解決すべき問題の所在や形態を明らかにしていく方法である。

(2) 系統図法とは、[②]、目標を達成するための[③]、方策を系統的に ([②]－[③]) と具体的実施段階のレベルに展開して聞くことにより、[②]、目標を達成するための最適[③]、方策を追求していく方法である。

(3) マトリックス図法は、問題としている事象の中から対になる要素を見つけ出し、これを [④] と [⑤] に配置し、その2元素の交点に、各要素の関連の有無や関連の度合いを表示することによって問題解決を効果的に進めていく方法である。

【選択肢】 ア. 親和 　イ. 重要 　ウ. 関連 　エ. 目的 　オ. 手段
　　　　　カ. 特性 　キ. 結果 　ク. 行 　　ケ. 列

Q2 次の文章において、最も適切な対応する手法名称とそれを表した概略図を選択肢から1つずつ選び、答えよ。ただし、各選択肢は複数回用いることはない。

(1) 目的と手段の関係を展開し、目的を達成するための最適手段を追求していく方法

　　　手法名称：[①] 　概略図：[②] 図

(2) 原因と結果が複雑に絡み合っている場合に、その関係を論理的に展開することで、複雑に絡み合った糸を解きほぐして整理する手法

　　　手法名称：[③] 　概略図：[④] 図

(3) 計画を推進するために必要な作業の順序を矢線と結合点を用いて表した図

　　　手法名称：[⑤] 　概略図：[⑥] 図

(4) 将来の問題などハッキリしていない問題について事実・意見・発想を言語データとして捉え、それらの相互の親和性を図によって示し、問題の所在を明らかにしていく方法

手法名称： ⑦ 　概略図： ⑧ 図

【選択肢】 ア．親和図法　　イ．マトリックス図法　　ウ．アローダイアグラム法
　　　　　エ．系統図法　　オ．連関図法

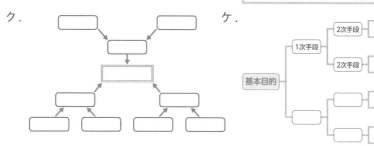

カ．

キ．　要約
　　要約　　　　　要約
　　言語カード　　　言語カード
　　言語カード　　　言語カード

ク．

ケ．
基本目的
　　1次手段
　　　2次手段
　　　　3次手段
　　　　3次手段
　　　2次手段
　　　　3次手段
　　　　3次手段

解答・解説

A1　　①ア　　②エ　　③オ　　④クまたはケ　　⑤クまたはケ

(1) 親和図法では、事実、意見、発想を言語データとして捉え、それらの相互の親和性によって統合した図を作っていきます。

(2) 系統図法とは、**目的**、目標を達成するための**手段**、方策を系統的に（**目的－手段**）と具体的実施段階のレベルに展開して問いを繰り返すことで目的、目標を達成するための最適**手段**、方策を追求していく方法です。

(3) マトリックス図法では、問題としているテーマの中から対になる要素を見つけ出し、マトリックス図の**行**と**列**に配置していきます。

A2　　①エ　　②ケ　　③オ　　④ク　　⑤ウ　　⑥カ
　　　⑦ア　　⑧キ

解説は本文を参照してください。

第 **5** 章

統計的方法の基礎

本章で学ぶこと

　この章では、確率変数に対して、それらの値をとる確率を表した「確率分布」について学びます。例えば、サイコロを投げて出る目は確率変数ですが、この場合の確率分布はサイコロが出る目の確率を表したものです。確率分布で学ぶテーマは下記の2つです。

- 連続的な分布としての正規分布
- 離散的な分布としての二項分布

　QC検定3級レベルでは、これらの定義と基本的な考え方を理解しているのかが問われます。基礎知識を押さえていきましょう。

1 確率分布とその種類 でる度 ★★★

連続した分布は正規分布、離散的な分布は二項分布

　この章では、複数の種類がある確率分布において、製品の重さ・寸法などの計量値の連続的な分布として用いられる**正規分布**と不適合品数などの計数値の離散的な分布に用いる**二項分布**について説明します。

(1) 確率分布

　ある事柄の起こりやすさ（可能性）が問題になるとき、それを数値で表したものを**確率**といいます。例えば、2枚のコインを投げるとき、起こりうる結果は次の4通りとなります。

　　　（表、表）（表、裏）（裏、表）（裏、裏）

　この試行で表が出た枚数を x として、その確率を $P(x)$ とすると、

　$x = 0$ のとき、$P(0) = 1/4$、$x = 1$ のとき、$P(1) = 1/4 + 1/4 = 1/2$、$x = 2$ のとき、$P(2) = 1/4$

となります。このように変数 x がある決まった確率の値をとるとき、その変数を**確率変数**といい、変数と確率の関係を**確率分布**といいます。ここでは、変数が連続的な値をとる正規分布と、離散的な値をとる二項分布についてみていきます。

(2) 正規分布

　正規分布とは、図表 5-1 に示すように連続した左右対称な釣り鐘型の分布であり、その**確率密度関数** $f(x)$ は、**ガウス分布**とも呼ばれる次の式になります。

$$f(x) = \frac{1}{\sqrt{2\pi\sigma^2}} \exp\left(-\frac{(x-\mu)^2}{2\sigma^2}\right)$$

※ π：円周率、e（exp）：自然対数の底（2.718…）、μ：母平均、σ^2：分散

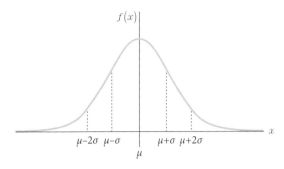

$\mu-2\sigma$ $\mu-\sigma$ μ $\mu+\sigma$ $\mu+2\sigma$

　確率密度関数からわかりますが、正規分布は母集団の平均値 $= \mu$ と分散 $= \sigma^2$ によって定まる分布であり、一般的に $N(\mu, \sigma^2)$ と表します。

　正規分布曲線の式で、

$$Z = (x - \mu)/\sigma$$

と定めると、x を $N(0, 1^2)$ に変換することができ、これを**標準化**、あるいは**規準化**と呼んでいます。

　このとき、置き換えた Z についても確率変数となります。

　確率変数 Z は、**期待値（平均値）= 0**、**分散 $= 1^2$** の正規分布に従い、このような正規分布 $N(0, 1^2)$ を**標準正規分布**といいます。

　μ や σ がどんな値であっても、$Z = (x - \mu)/\sigma$ に置き換えれば、どのような正規分布も必ず標準正規分布に置換できます。

　さらに、$N(0, 1^2)$ は**正規分布表**としてあらかじめ計算されており、すぐに該当する確率を求めることができます（次ページの図表5-2「正規分布表」を参照）。

攻略のツボ！

正規分布表で K_p から確率 P を求めるには、タテの数字の行と横の数字の列が交差する値をみます。

事例

　$N(10, 2^2)$ の正規分布で、13.04 より大きい値が得られる確率を求めると、

$Z = (x - \mu)/\sigma$ より、$Z = (13.04 - 10)/2 = 1.52$

　正規分布表から $K_p = 1.52$ における確率 P を求めると（左の見出し 1.5、上

の見出し .02 が交わる値です）、0.06426 が得られます。

図表5-2　正規分布表

（1）K_p から P を求める表

K_p	.00	.01	.02	.03	.04	.05	.06	.07	.08	.09
0.0	0.50000	0.49601	0.49202	0.48803	0.48405	0.48006	0.47608	0.47210	0.46812	0.46414
0.1	0.46017	0.45620	0.45224	0.44828	0.44433	0.44038	0.43644	0.43251	0.42858	0.42465
0.2	0.42074	0.41683	0.41294	0.40905	0.40517	0.40129	0.39743	0.39358	0.38974	0.38591
0.3	0.38209	0.37828	0.37448	0.37070	0.36693	0.36317	0.35942	0.35569	0.35197	0.34827
0.4	0.34458	0.34090	0.33724	0.33360	0.32997	0.32636	0.32276	0.31918	0.31561	0.31207
0.5	0.30854	0.30503	0.30153	0.29806	0.29460	0.29116	0.28774	0.28434	0.28096	0.27760
0.6	0.27425	0.27093	0.26763	0.26435	0.26109	0.25785	0.25463	0.25143	0.24825	0.24510
0.7	0.24196	0.23885	0.23576	0.23270	0.22965	0.22663	0.22363	0.22065	0.21770	0.21476
0.8	0.21186	0.20897	0.20611	0.20327	0.20045	0.19766	0.19489	0.19215	0.18943	0.18673
0.9	0.18406	0.18141	0.17879	0.17619	0.17361	0.17106	0.16853	0.16602	0.16354	0.16109
1.0	0.15866	0.15625	0.15386	0.15151	0.14917	0.14686	0.14457	0.14231	0.14007	0.13786
1.1	0.13567	0.13350	0.13136	0.12924	0.12714	0.12507	0.12302	0.12100	0.11900	0.11702
1.2	0.11507	0.11314	0.11123	0.10935	0.10749	0.10565	0.10383	0.10204	0.10027	0.09853
1.3	0.09680	0.09510	0.09342	0.09176	0.09012	0.08851	0.08691	0.08534	0.08379	0.08226
1.4	0.08076	0.07927	0.07780	0.07636	0.07493	0.07353	0.07215	0.07078	0.06944	0.06811
1.5	0.06681	0.06552	0.06426	0.06301	0.06178	0.06057	0.05938	0.05821	0.05705	0.05592
1.6	0.05480	0.05370	0.05262	0.05155	0.05050	0.04947	0.04846	0.04746	0.04648	0.04551
1.7	0.04457	0.04363	0.04272	0.04182	0.04093	0.04006	0.03920	0.03836	0.03754	0.03673
1.8	0.03593	0.03515	0.03438	0.03362	0.03288	0.03216	0.03144	0.03074	0.03005	0.02938
1.9	0.02872	0.02807	0.02743	0.02680	0.02619	0.02559	0.02500	0.02442	0.02385	0.02330
2.0	0.02275	0.02222	0.02169	0.02118	0.02068	0.02018	0.01970	0.01923	0.01876	0.01831
2.1	0.01786	0.01743	0.01700	0.01659	0.01618	0.01578	0.01539	0.01500	0.01463	0.01426
2.2	0.01390	0.01355	0.01321	0.01287	0.01255	0.01222	0.01191	0.01160	0.01130	0.01101
2.3	0.01072	0.01044	0.01017	0.00990	0.00964	0.00939	0.00914	0.00889	0.00866	0.00842
2.4	0.00820	0.00798	0.00776	0.00755	0.00734	0.00714	0.00695	0.00676	0.00657	0.00639
2.5	0.00621	0.00604	0.00587	0.00570	0.00554	0.00539	0.00523	0.00508	0.00494	0.00480
2.6	0.00466	0.00453	0.00440	0.00427	0.00415	0.00402	0.00391	0.00379	0.00368	0.00357
2.7	0.00347	0.00336	0.00326	0.00317	0.00307	0.00298	0.00289	0.00280	0.00272	0.00264
2.8	0.00256	0.00248	0.00240	0.00233	0.00226	0.00219	0.00212	0.00205	0.00199	0.00193
2.9	0.00187	0.00181	0.00175	0.00169	0.00164	0.00159	0.00154	0.00149	0.00144	0.00139
3.0	0.00135	0.00131	0.00126	0.00122	0.00118	0.00114	0.00111	0.00107	0.00104	0.00100

K_p = 1.37 に対しては、左の見出し 1.3 と上の見出し .07 との交差点で、P = 0.08534 と読みます。

(2) P から K_p を求める表

P	.001	.005	.010	.025	.050	.100	.200	.300	.400
K_p	3.090	2.576	2.326	1.960	1.645	1.282	.842	.524	.253

(3) P から K_p を求める表

P	*=0	1	2	3	4	5	6	7	8	9
.00*	∞	3.090	2.878	2.748	2.652	2.576	2.512	2.457	2.409	2.366
.0*	∞	2.326	2.054	1.881	1.751	1.645	1.555	1.476	1.405	1.341
.1*	1.282	1.227	1.175	1.126	1.080	1.036	.994	.954	.915	.878
.2*	.842	.806	.772	.739	.706	.674	.643	.613	.583	.553
.3*	.524	.496	.468	.440	.412	.385	.358	.332	.305	.279
.4*	.253	.228	.202	.176	.151	.126	.100	.075	.050	.025

(3) 二項分布

二項分布は、変数が数えられる計数値で扱う確率分布で、値が飛び飛びの離散的な分布となります。この場合の確率 $P(x)$ は、以下の式となります。

$$P(x) = {}_nC_x \times p^x \times q^{n-x} \quad *q = 1 - p$$

ここで、${}_nC_x$ は、n 個のものから x 個を選ぶ**組合せの数**をいい、サンプル中の不適合品の個数（計数値）の分布などを表すときに用いられます。

第 **5** 章

統計的方法の基礎

事例

5 個のチョコレートから 2 つのチョコレートを選ぶ組合せは、

$$_5C_2 = \frac{5 \times 4}{2 \times 1} = 10$$

と計算されます。この場合、選ぶ順序は問われません。

そこで、二項分布は $B(n, p)$ で表されます。その期待値と標準偏差は、

期待値：$E(x) = np$、標準偏差：$\sigma(x) = \sqrt{npq}$ $\quad *q = 1 - p$

と表されます。

事例

さいころを 6 回投げて 1 の目が x 回出るときの確率は二項分布に従うので、$x = 2$ の場合、$P(2)$ の確率は次のように求めることができます。

1 の目が出る確率は、$p = 1/6$

1 の目が出ない確率は、$q = 1 - 1/6 = 5/6$

よって、

$$P(2) = {}_6C_2 \times \left(\frac{1}{6}\right)^2 \times \left(\frac{5}{6}\right)^4$$

$$= \frac{6 \times 5}{2 \times 1} \times \frac{1}{36} \times \frac{625}{1296}$$

$$\fallingdotseq 0.201 = 20.1\%$$

となります。その全体の分布は図表 5-3 のようになります。

図表 5-3　二項分布

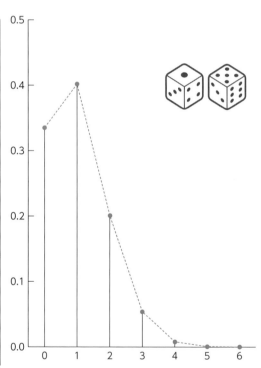

x	$P(x)$
0	${}_6C_0 \times \left(\frac{1}{6}\right)^0 \left(\frac{5}{6}\right)^6 \fallingdotseq 0.335$
1	${}_6C_1 \times \left(\frac{1}{6}\right)^1 \left(\frac{5}{6}\right)^5 \fallingdotseq 0.402$
2	${}_6C_2 \times \left(\frac{1}{6}\right)^2 \left(\frac{5}{6}\right)^4 \fallingdotseq 0.201$
3	${}_6C_3 \times \left(\frac{1}{6}\right)^3 \left(\frac{5}{6}\right)^3 \fallingdotseq 0.054$
4	${}_6C_4 \times \left(\frac{1}{6}\right)^4 \left(\frac{5}{6}\right)^2 \fallingdotseq 0.008$
5	${}_6C_5 \times \left(\frac{1}{6}\right)^5 \left(\frac{5}{6}\right)^1 \fallingdotseq 0.001$
6	${}_6C_6 \times \left(\frac{1}{6}\right)^6 \left(\frac{5}{6}\right)^0 \fallingdotseq 0.000$
合計	1

Q1 以下について、正規分布表を用いて求めよ。

① $K_p = 1.64$ のとき、P はいくらか。

② $P = 0.025$ のとき、K_p はいくらか。

Q2 部品 A の全長は平均 3cm、標準偏差は 0.03cm の正規分布に従っている。全長が 3.09cm を超える確率を下の選択肢から 1 つ選べ（正規分布表を使用すること）。

【選択肢】　ア. 約 0.08%　イ. 約 0.10%　ウ. 約 0.12%　エ. 約 0.14%　オ. 約 0.16%

Q3 部品 A の全長寸法の $n = 100$ のデータをまとめたヒストグラムは下図のとおりである。上限規格 36、下限規格 24 のとき、この規格を外れる確率を次の選択肢から 1 つ選べ。

【選択肢】　ア. 約 9.6%　イ. 約 20%　ウ. 約 30%　エ. 約 40%　オ. 約 50%

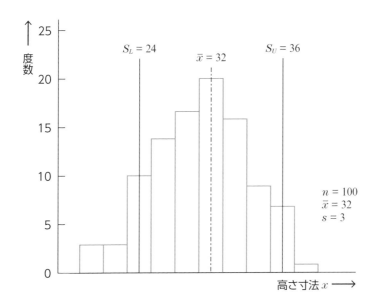

解答・解説

A1 　　① 0.0505 　② 1.960

① 正規分布表より、$P = 0.0505$ 　② 正規分布表より、$K_p = 1.960$

A2 　　エ

$Z = (x - \mu)/\sigma$ と標準化すると、$Z = (3.09 - 3)/0.03 = 3$ となります。

$K_p = 3$ のときの正規分布表から P を求めると、$P = 0.00135$ だとわかります。よって、正解はエの約 0.14% となります。

A3 　　ア

標準化を行うと、上限規格外れは、$Z_1 = (36 - 32)/3 \fallingdotseq 1.33$

下限規格外れは、$Z_2 = (24 - 32)/3 \fallingdotseq -2.67$

正規分布表より、$K_{p1} = 1.33 \rightarrow P_1 = 0.09176$

$K_{p2} = -2.67 \rightarrow P_2 = 0.00379$

規格外れの確率 $= P_1 + P_2 = 0.09555$ となります。よって、正解はアの約 9.6% です。

第 **6** 章

管理図

学習のポイント

　この章では、「管理図」について学びます。管理図とは、工程で発生する偶然原因もしくは異常原因によるばらつきを判断するためのものです。管理図は中心線と管理限界線から構成されています。試験の出題範囲としては、計量値に用いる $\bar{x}-R$ 管理図、そして計数値に用いる p 管理図、np 管理図の3種類があります。この中でも、$\bar{x}-R$ 管理図がよく問われています。

1 管理図とは

でる度 ★★★

工程の安定性を図表で示す

(1) 管理図の概要

　管理図とは、**工程が安定な状態にあるかどうかを調べ、工程を安定な状態に保持するために用いられる図（折れ線グラフ）のこと**をいいます。

　管理限界を示す一対の線（**上方管理限界線、下方管理限界線**）を引いて、品質特性値など管理すべき数値をプロットしたときに、その点が管理限界線の間にあり、点の並び方にくせ（傾向）がなければ、工程が安定な状態にあると判断します。

　一方、数値が管理限界線の外に出たり、点の並び方にくせがあれば、工程を異常と判断し、原因を取り除きます。

(2) 管理図の種類

　管理図は、扱う品質特性によって使用するものが異なります。主な種類は以下のとおりです。

図表6-1　管理図の種類

分類	管理図の種類と内容
計量値に用いる管理図	$\bar{x} - R$ 管理図（平均値と範囲）
計数値に用いる管理図	np 管理図（不適合品数）
	p 管理図（不適合品率）
	c 管理図（不適合数）
	u 管理図（単位当たりの不適合数）

❶ $\bar{x} - R$ 管理図

　$\bar{x} - R$ **管理図**は、品質特性が長さや重さなどの計量値である工程を管理するときに用います。群ごとに取得されたデータについて、群ごとの平均値（$\bar{x}$）とその範囲（R）を求め、$\bar{x}$ 管理図と R 管理図に別々に打点していきます。

　管理する $\bar{x}$ と R を求める1組のサンプルのことを**群**、1組が何個のサンプルから構成されているかを**群の大きさ**といいます。群の大きさは 2 ～ 6 個くらい

図表6-2　$\bar{x}-R$管理図の一例

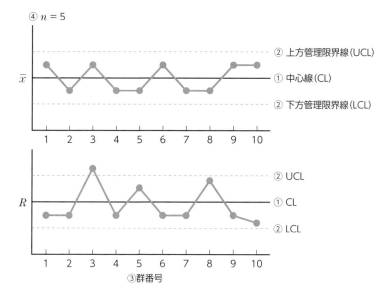

が妥当とされています。

　$\bar{x}$管理図は工程平均の変化を、R管理図は、群内でのばらつきの変化を見るために用いられます。

❷ np 管理図

　np 管理図は、サンプル（n）中に不適合品（p）が何個あったかという、不適合品数（np）で工程を管理するときに用いられます。ただし、np 管理図はサンプルの大きさが一定の場合のみしか適用できません。

❸ p 管理図

　p 管理図は、不適合品率（p）で工程を管理するために用いられます。np 管理図とは違い、サンプルの大きさは、適用条件とはなりません。検査する群の大きさが一定ではなく、不適合品数では管理できない場合に用いられます。

(3) 管理図の用語

　管理図の問題を解くためには、以下の用語を押さえておくことが必要です。

❶ 中心線（CL）

$\bar{x}$、$\bar{R}$、$\bar{p}$ など平均値を示す実線で引きます。Central Line の略称です。

❷ 管理限界線

中心線の上下に破線で引きます。上側の線は**上方管理限界線**（**UCL**）、下側の線は**下方管理限界線**（**LCL**）といいます。UCL は **Upper Control Limit**、LCL は **Lower Control Limit** の略称です。

各管理限界線は、中心線から標準偏差の 3 倍（3σ）の幅を取ることが一般的です。3σ を取ると、約 99.7% の打点値は管理幅の内側に入り、約 0.3% の打点値が管理幅の外側に外れることになります。すなわち、打点値が管理幅の外側に外れることは、約 0.3% しか発生しない「異常なこと」が発生したと認識し、処置を行う必要があると判断します。

❸ 群（k）

群とは、サンプリングされたデータのかたまりのことです。

❹ サンプルサイズ（n）

群の大きさを示す値をいいます。

2 管理図の作り方 でる度 ★★★

計算式を理解しておくことが必要

各管理図の作り方について、以下に手順を示して説明していきます。

(1) $\bar{x}-R$ 管理図の作り方

手順1 データを集める

図表6-3 のように 1 日に 4 個、15 日間のデータを集めて管理図を作成した場合、この管理図における「群」は 1 日となります。また、サンプルサイズ $n = 4$、群の数は $k = 15$ となります。

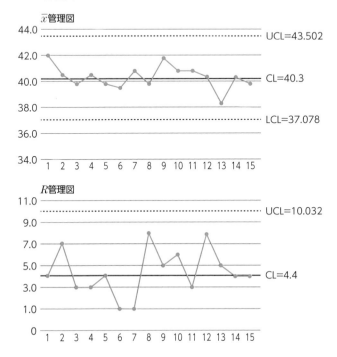

図表6-3　データ表

群の番号	測定値				合計	平均値	範囲
	x_1	x_2	x_3	x_4	Σx	$\bar{x}$	R
1	44	40	40	44	168	42.0	4
2	36	43	40	43	162	40.5	7
3	40	41	40	38	159	39.8	3
4	41	40	39	42	162	40.5	3
5	41	42	38	38	159	39.8	4
6	39	40	39	40	158	39.5	1
7	40	41	41	41	163	40.8	1
8	42	44	37	36	159	39.8	8
9	42	42	44	39	167	41.8	5
10	38	40	44	41	163	40.8	6
11	39	41	42	41	163	40.8	3
12	39	45	37	40	161	40.3	8
13	41	36	38	38	153	38.3	5
14	42	38	39	42	161	40.3	4
15	40	38	39	42	159	39.8	4
					合計	604.8	66
					中心線 CL	40.3	4.4

図表6-4　$\bar{x}-R$管理図

$\bar{x}$管理図

UCL=43.502

CL=40.3

LCL=37.078

R管理図

UCL=10.032

CL=4.4

手順2 群ごとに平均値 $(\bar{x})$ を計算する

この例の群番号1の平均値 $(\bar{x}_1)$ は $\bar{x}_1 = 168/4 = 42.0$ となります。

手順3 各群の範囲 (R) を計算する

計算式は次のとおりとなります。

$$R = (x \text{ の最大値} - x \text{ の最小値})$$

この例の群番号1の範囲 (R_1) は、$R_1 = 44 - 40 = 4$ となります。

手順4 管理線の計算をする

① $\bar{x}$ 管理図の中心線は、$\bar{x}$ の平均 $\bar{\bar{x}}$ を計算します。そして、R 管理図の中心線として、$\bar{R}$ を計算します。

この例では、$\bar{\bar{x}} = 604.3/15 \fallingdotseq 40.29$、$\bar{R} = 66/15 = 4.4$ となります。

② $\bar{x}$ 管理図の管理限界線は、次の公式によって計算します。

$$\text{上方管理限界線：UCL} = \bar{\bar{x}} + A_2 \times \bar{R}$$

$$\text{下方管理限界線：LCL} = \bar{\bar{x}} - A_2 \times \bar{R}$$

A_2 は群の大きさ n によって決まる値で、図表6-5の $\bar{x} - R$ 管理図用計数表から求めます。この例では、$n = 4$ のため、次のようになります。

$$\text{UCL} = 40.29 + 0.73 \times 4.4 = 43.502$$

$$\text{LCL} = 40.29 - 0.73 \times 4.4 = 37.078$$

③ R 管理図の管理限界線は、次の公式で計算します。

$$\text{上方管理限界線：UCL} = D_4 \times \bar{R}$$

$$\text{下方管理限界線：LCL} = D_3 \times \bar{R}$$

D_3、D_4 は、群の大きさ n によって決まる値で、図表6-5の $\bar{x} - R$ 管理図用計数表から算出します。なお、n が6以下の場合は、R 管理図の LCL は考えません。そのため、この事例では UCL だけとなります。

$$\text{UCL} = 2.28 \times 4.4 = 10.032$$

図表6-5 $\bar{x}-R$管理図用計数表

サンプルの 大きさ n	$\bar{x}$ 管理図	R 管理図			
	A_2	D_3	D_4	d_2	d_3
2	1.88	—	3.27	1.128	0.853
3	1.02	—	2.57	1.693	0.888
4	0.73	—	2.28	2.059	0.880
5	0.58	—	2.11	2.326	0.864
6	0.48	—	2.00	2.534	0.848
7	0.42	0.08	1.92	2.704	0.833
8	0.37	0.14	1.86	2.847	0.820
9	0.34	0.18	1.82	2.970	0.808
10	0.31	0.22	1.78	3.078	0.797

攻略のツボ！

$\bar{x}-R$ 管理図の作成手順は、①データを収集する、②群ごとに平均値を計算する、③総平均値を計算する、④各群における範囲 R と範囲の平均値 $\bar{R}$ を計算する、⑤$\bar{x}$ 管理図の管理限界線を計算する、⑥R 管理図の管理限界線を計算する、となります。

(2) np 管理図の作り方

　群の大きさが一定で、不適合品数を管理する際に使用する np 管理図は、以下のように作成します。

<u>手順1</u> データを採取した後、中心線（CL）の計算を行います。中心線は $n\bar{p}$ の値を求めます。

$$n\bar{p} = \frac{\text{不適合品数の総和}}{\text{群の数}}$$

<u>手順2</u> 管理限界線の計算をします。計算式は以下のとおりです。

$$\text{上方管理限界線：UCL} = n\bar{p} + 3\sqrt{n\bar{p}(1-\bar{p})}$$
$$\text{下方管理限界線：LCL} = n\bar{p} - 3\sqrt{n\bar{p}(1-\bar{p})}$$

<u>手順3</u> 管理図用紙へ記入し、安定状態の確認を行います。

(3) p 管理図の作り方

群の大きさにばらつきがあり、不適合品率をみる p 管理図は次のようにして作成します。

<u>手順1</u> データを採取します。p 管理図では、サンプルを約 20 群取得し、各群の中の不適合品数 (np) を調査します。

<u>手順2</u> 中心線 (CL) の計算をします。計算式は次のとおりです。

$$\bar{p} = \frac{\sum np}{\sum n} = \frac{np_1 + np_2 + \cdots\cdots np_k}{n_1 + n_2 + \cdots\cdots n_k}$$

*$\sum np$：不適合品数の総和　$\sum n$：検査個数の総和　k：群の数

<u>手順3</u> 管理限界線の計算をします。計算式は次のとおりです。

$$上方管理限界線：UCL = \bar{p} + 3\sqrt{\frac{\bar{p}(1-\bar{p})}{n}}$$

$$下方管理限界線：LCL = \bar{p} - 3\sqrt{\frac{\bar{p}(1-\bar{p})}{n}}$$

<u>手順4</u> 管理図用紙へ記入し、安定状態の確認を行います。

3 管理図の見方と異常判定のルール

でる度 ★★☆

点が管理限界線内でくせがないかを見る

(1) 管理図の見方

管理図を見て、工程が安定状態にあるかどうかを判定する基準は、次の 2 つです。

- プロット（打点、図示）した点が管理限界線の外に出ない
- 点の並び方にくせ（傾向）がない

　管理限界線を製品の規格値線と混同しないことが必要です。規格値は製品の合格・不合格を判定するもので、工程の管理状態を把握するのではありません。一方、管理限界線は工程が安定状態にあるかどうかを判定するものです。管理限界線から外れても、個々の製品の合格・不合格を判定するためのものではないことに注意してください。

(2) 工程が異常と判定するためのルール

　これまで紹介してきた管理図は、統計的品質管理の父ともいわれるアメリカの物理学者ウォルター・A・シューハートによる**シューハート管理図**と呼ばれるものです（JIS Z 9020-2）。

　横軸に時間の変化、縦軸に品質特性値を取って、中心線や上方管理限界線、下方管理限界線を設け、群の順番に特性値をプロット（打点、図示）します。また、**2つの管理限界線は、中心線の上下にその特性値の標準偏差（σ）の3倍の幅を取って描くため、シューハート管理図による手法は、3シグマ法とも呼ばれています。**

　シューハート管理図では、工程に異常があるかどうかについて、8つの判定のルール（図表6-6参照）を用いています。

図表6-6　シューハート管理図の異常判定のルール

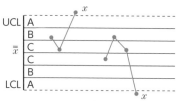

ルール1　1点が領域Aを超えている

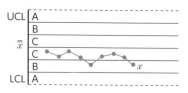

ルール2　9点以上が中心線に対して同じ側にある

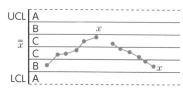

ルール3　6点が増加、または減少している

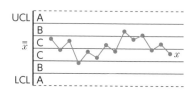

ルール4　14の点が交互に増減している

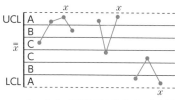

ルール5　連続する3点中、2点が領域Aまたはそれを超えた領域にある

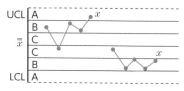

ルール6　連続する5点中、4点が領域Bまたはそれを超えた領域にある

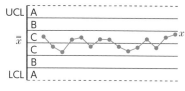

ルール7　連続する15点が領域Cに存在する

ルール8　連続する8点が領域Cを超えた領域にある

　まず、図表6-6では、UCLとLCLの間を**1シグマ**で6つの領域に分け、続いて、その領域をLCLから順にA、B、C、中心線、C、B、Aとしています。

　ルール1は「管理限界線の外に出る点」がある場合です。ルール2からルール8までは、「点の並び方のくせ」から異常と判定するための基準です。

ルール1 点が管理限界線の外にある

ルール2 長さ9以上の連が現れている

　図表6-7のように、中心線の一方の側に連続して表れた点の並びを<ruby>連<rt>れん</rt></ruby>といい、その点の数を**連の長さ**といいます（長さ7以上の連が現れた場合に、異常と判断する場合もあります）。

図表6-7　連の例

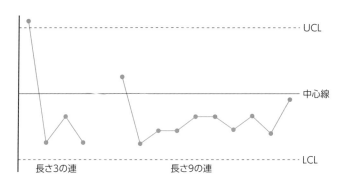

ルール3 6点以上連続して上昇または下降する

　図表6-8のように、点が連続して上昇、または下降することを**傾向がある**といいます。

図表6-8　傾向の例

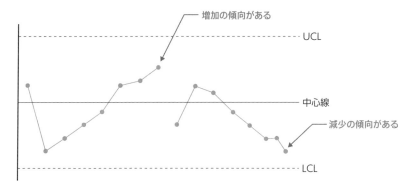

ルール4 14の点が交互に増減している

ルール5 連続する3点中、2点が2シグマから外れた領域Aまたはそれを超えた領域に存在する

図表6-9では、連続する3点中、2点が2シグマから外れています。

図表6-9　点が管理限界線に接近する例

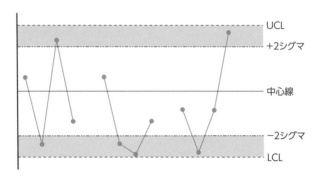

ルール6 連続する5点中、4点が領域Bまたはそれを超えた領域に存在する

ルール7 連続する15点が領域C（±1シグマ）に存在する

ルール8 連続する8点が領域C（±1シグマ）を超えた領域にある

練習問題

Q1 次の①〜③の文章に当てはまる、最も適切な管理図を次の選択肢から選べ。ただし、各選択肢を複数回用いることはない。

① 完成品検査（全数検査）で、毎日発生している不適合品を不適合品率で管理する。

② メッキ表面処理工程にて、メッキ塗装した厚さ（μm）を6時間おきに1個抜き取り測定し、1日24時間（$n = 4$）を群とした工程管理を行う。

③ ロットごとに毎回100個の部品の検査を行い、その中で発見された不適合品を管理する。

【選択肢】　ア．p 管理図　イ．$\bar{x}-R$ 管理図　ウ．np 管理図　エ．該当なし

Q2 ある電子部品の製造会社で接点不良について調査を行った。1 カ月と 20 日間で毎日 2,000 個の部品をランダムに抽出して不適合品数を調べ、合計して不適合品総数 800 のデータを得た。このとき、次の空欄 ①〜③に入る最も適切なものをそれぞれの選択肢から 1 つ選べ。

【データ】 群の大きさ $n = 2000$ 　　群の数 $k = 20$ 　　不適合品総数 $= 800$

(1) 中心線 (CL) を示す数値は ① である。

(2) 上方管理限界線 (UCL) を示す数値は ② である。

(3) 下方管理限界線 (LCL) を示す数値は ③ である。

【選択肢】 ア. 21 　　イ. 30 　　ウ. 35 　　エ. 41 　　オ. 40

カ. 50 　　キ. 55 　　ク. 57 　　ケ. 59 　　コ. 70

Q3 ある部品における内径寸法 (mm) の加工工程 $\bar{x}-R$ 管理図 (作成途中) は下図のとおりである。管理図を完成させるために、次の設問の空欄 ①〜④内に入る最も適切なものを次のそれぞれの選択肢から 1 つ選べ。ただし、各選択肢を複数回用いることはない。

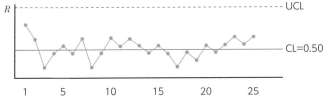

(1) $\bar{x}$ 管理図の上方管理限界線を示す数値は ① である。

(2) $\bar{x}$ 管理図の下方管理限界線を示す数値は ② である。

(3) R 管理図の上方管理限界線を示す数値は ③ である。

(4) R 管理図の下方管理限界線を示す数値は ④ である。

なお、計算においては、$\bar{x}-R$ 管理図用係数表の値を用いること。

【選択肢】 ア. 1.14　　イ. 1.50　　ウ. 8.435　　エ. 8.805　　オ. 9.165
　　　　 カ. 9.878　　キ. 該当しない

〈$\overline{x}$–R 管理図用係数表〉

サンプルの 大きさ n	$\overline{x}$ 管理図	R 管理図			
	A_2	D_3	D_4	d_2	d_3
2	1.88	—	3.27	1.128	0.853
3	1.02	—	2.57	1.693	0.888
4	0.73	—	2.28	2.059	0.880
5	0.58	—	2.11	2.326	0.864
6	0.48	—	2.00	2.534	0.848
7	0.42	0.08	1.92	2.704	0.833
8	0.37	0.14	1.86	2.847	0.820
9	0.34	0.18	1.82	2.970	0.808
10	0.31	0.22	1.78	3.078	0.797

解答・解説

A1　　①ア　　②イ　　③ウ

① 完成品はその日の生産数の出来高によって左右されるため、検査数は一定になるとは限りません。よって、不適合品の発生状況は不適合品率 p で管理します。

②1日24時間（$n = 4$）を群とした工程管理を行うため、$\overline{x}$–R 管理図が妥当です。

③ 検査数が一定の不適合品数を管理するため、np 管理図が妥当です。

A2　　①オ　　②ケ　　③ア

（1）np 管理図の問題で、中心線を示す数値は、

$$CL = n\overline{p} = \frac{\sum np}{k} = \frac{800}{20} = 40.0$$

ここで、工程平均不適合品率 $\overline{p}$ は、　$\overline{p} = \frac{\sum np}{kn} = \frac{800}{40000} = 0.02$

（2）上方管理限界線を示す数値は、

$$UCL = n\overline{p} + 3\sqrt{n\overline{p}(1-\overline{p})}$$
$$= 40 + 3\sqrt{40(1-0.02)} \fallingdotseq 58.78 \fallingdotseq 59$$

(3) 下方管理限界線を示す数値は、

$$\text{LCL} = n\bar{p} - 3\sqrt{n\bar{p}(1-\bar{p})}$$

$$= 40 - 3\sqrt{40(1-0.02)} \fallingdotseq 21.22 \fallingdotseq 21$$

A3　　①オ　　②ウ　　③ア　　④キ

(1) $\bar{x}$ 管理図の上方管理限界線を示す数値は、

$$\text{UCL} = \bar{\bar{x}} + A_2 \times \bar{R}$$

$$= 8.80 + 0.73 \times 0.50 = 9.165$$

(2) $\bar{x}$ 管理図の下方管理限界線を示す数値は、

$$\text{LCL} = \bar{\bar{x}} - A_2 \times \bar{R}$$

$$= 8.80 - 0.73 \times 0.50 = 8.435$$

(3) R 管理図の上方管理限界線を示す数値 ③ は、

$$\text{UCL} = D_4 \times \bar{R}$$

$$= 2.28 \times 0.50 = 1.14$$

(4) R 管理図の下方管理限界線を示す数値 ④ は、$n = 4$ なので、R 管理図の LCL は考えないため、該当するものはありません。

Column 3　得点力UP！ スマホで調べるスキマ学習（手法編）

前回は、品質管理の実践に関する用語をとりあげましたが、以下は品質管理の手法に関する用語をまとめています。スキマ時間を有効活用して得点力をUPさせましょう。

データの取り方・まとめ方
- ☑ 数値データ・言語データ
- ☑ 母集団
- ☑ サンプル
- ☑ サンプリング
- ☑ 誤差
- ☑ 基本統計量（平均値、中央値、最頻値、範囲、分散、不偏分散、標準偏差）

QC 7つ道具
- ☑ パレート図
- ☑ 特性要因図
- ☑ チェックシート
- ☑ ヒストグラム
- ☑ 散布図
- ☑ グラフ
- ☑ 層別

新QC 7つ道具
- ☑ 親和図法
- ☑ 連関図法
- ☑ 系統図法
- ☑ マトリックス図法
- ☑ アローダイアグラム法
- ☑ PDPC法
- ☑ マトリックス・データ解析法

統計的方法の基礎
- ☑ 正規分布
- ☑ 二項分布

管理図
- ☑ 管理図
- ☑ $\bar{x}-R$ 管理図
- ☑ p 管理図
- ☑ np 管理図

工程能力指数
- ☑ 工程能力指数の計算方法

相関分析
- ☑ 相関係数

第 **7** 章

工程能力指数

　製品の品質を高めていくためには、規格内でどれだけ
ばらつきを減らせるかが重要となるため、工程の評価を
行う必要があります。この章では、工程の能力について
定量的に評価を行う「工程能力指数」を学習します。本
章では、①状況に応じた適切な工程能力指数の計算、②
計算に基づいた工程能力の評価をできるようにしておき
ましょう。

1 工程能力指数

でる度 ★★★

工程の能力評価を定量的に行う

(1) 工程能力指数とは

　工程能力とは、**定められた規格限度内で、製品を安定的に生産できる能力**のことをいいます。また、工場内の製造ラインの優劣を比較したり、異なるラインにおける作業者間の能力を比較するなど、工程能力の評価を行うための指標を**工程能力指数**（**Process Capability Index**）といい、一般に C_p、C_{pk} の記号で表します。この章では、工程能力指数の値を式に当てはめて計算できるようにしておきましょう。規格値に上限値と下限値のある両側規格、上限値もしくは下限値のある片側規格で計算方法が異なります。

攻略のツボ！

このテーマでは、工程能力指数 C_p、C_{pk} の算出式をマスターすることと、$C_p = 1.33$ が望ましい状態であることを押さえておきましょう。

(2) 両側規格の場合

　両側規格とは、規格の上限値と下限値が定められている場合です。さらに、平均値が中央になっている場合と平均値から外れている場合で計算方法が異なります。

● 平均値を規格の中央にコントロールできるケース

$$C_p = \frac{\text{規格の上限} - \text{規格の下限}}{6 \times \text{標準偏差}（s）}$$

事例

上限規格値 52、下限規格値 20、平均値 36、標準偏差 3 のときの工程能力指数 C_p を求めなさい。

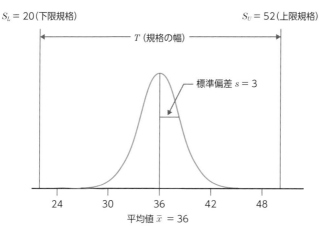

工程能力指数 $C_p = (52 - 20)/(6 \times 3) ≒ 1.78$ となります。

● 平均値を規格の中央にコントロールできないケース

C_p は完全に管理された工程でしか使えないため、実務では、偏りを考慮した C_{pk} を併用します。C_{pk} は平均値に近いほうの規格値を用いて、片側規格 C_p（次ページ参照）を求めることにより、算出します。

- 上限の規格に平均値が近い場合

$$C_{pk} = \frac{上限 - 平均}{3 \times 標準偏差}$$

- 下限の規格に平均値が近い場合

$$C_{pk} = \frac{平均 - 下限}{3 \times 標準偏差}$$

上限規格値 54、下限規格値 20、平均値 43、標準偏差 3 のとき、偏りを考慮した工程能力指数 C_{pk} を求めなさい。

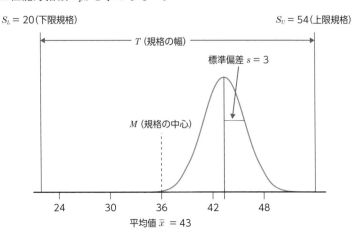

$S_L = 20$（下限規格）

$S_U = 54$（上限規格）

T（規格の幅）

標準偏差 $s = 3$

M（規格の中心）

平均値 $\bar{x} = 43$

この場合、平均値が規格の中心よりも上限規格寄りにあるため、
$C_{pk} = (上限 - 平均)/(3 \times 標準偏差)$ を使います。すなわち、
$C_{pk} = (54 - 43)/(3 \times 3) \fallingdotseq 1.22$ となります。

(3) 片側規格の場合

規格が下限または上限のみしか規定されていない場合もあります。その場合は、平均値から下限または上限規格までの幅と、標準偏差の 3 倍を比較することになります。

❶ 上限のみの規格の場合

$$C_p = \frac{上限 - 平均}{3 \times 標準偏差}$$

❷ 下限のみの規格の場合

$$C_p = \frac{平均 - 下限}{3 \times 標準偏差}$$

（4）工程能力指数の判断基準

　前述の計算式に基づき、工程能力指数を求めた場合、その数値から工程がどのような状態なのかを判断していきます。一般的な工程能力指数の判断基準は図表 7-1 のとおりです。

表7-1　工程能力指数の判断基準

工程能力指数（C_{pk} 含む）	工程能力の判断
$C_p \geqq 1.67$	十分すぎる
$1.67 > C_p \geqq 1.33$	十分足りている
$1.33 > C_p \geqq 1.00$	十分とはいえないが、まずまず
$1.00 > C_p \geqq 0.67$	不足している
$0.67 > C_p$	非常に不足している

事例

　製品 C の全長の規格は 15±0.1cm である。標準偏差が 0.05 であるときの工程能力指数とその判断基準を答えよ。

$$C_p = \frac{規格の上限 - 規格の下限}{6 \times 標準偏差}$$

$$C_p = \frac{15.1 - 14.9}{6 \times 0.05} = \frac{0.2}{0.3} \fallingdotseq 0.67$$

　計算式からみると、判断基準は工程能力が不足しているといえます。

練習問題

Q1　次の文章で正しいものには○、正しくないものには×を付けよ。

　① 工程能力指数 C_p は、標準偏差を s とすると、次の式で求められる。

　　　C_p = 規格の幅 /6s

　② 工程能力指数 C_p を求めるとき、標準偏差を s とすると、規格値が片側のみの場合、次のように求めることができる。

　　　C_p = 平均値と規格値の差 /3s

　③ 平均値が規格の中心値からずれている場合、偏りを考慮した工程能

力指数 C_{pk} を求めるとよい。C_{pk} は次の式で求められる。

　　　C_{pk} ＝平均値と規格値（平均値から離れている規格の値）の差 $/3s$

④ 工程能力指数 C_p と偏りを考慮した工程能力数 C_{pk} の関係は、次の関係で表される。

　　　$C_{pk} > C_p$

⑤ 一般的に工程能力指数 C_p が 1 であれば、工程能力は十分と評価される。

Q2　上限規格値が 56、下限規格値が 32、平均値 52、標準偏差 2 のとき、

① 工程能力指数 C_p

② 偏りを考慮した工程能力指数 C_{pk} を求め、次の選択肢からそれぞれ 1 つを選べ。

【選択肢】　ア . 0.67　イ . 0.43　ウ . 2　エ . 3　オ . 4

解答・解説

A1　　　①○　　②○　　③×　　④×　　⑤×

①と②は問題文のとおりです。

③ C_{pk} ＝ 平均値と規格値（平均値から近い方の値）の差 $/3s$ になります。

④ 平均値が規格の中心と一致しない場合、一般的に $C_p > C_{pk}$ となります。

⑤ 工程能力指数 C_p が 1.33 以上であれば、工程能力は十分であるといわれています。

A2　　　①ウ　　②ア

① 工程能力指数　　$C_p = \dfrac{規格の幅}{6 \times 標準偏差} = \dfrac{24}{6 \times 2} = 2$

② 偏りを考慮した工程能力指数　　$C_{pk} = \dfrac{上限 - 平均}{3 \times 標準偏差}$

この場合、平均値に近い規格値は上限となることから、

$(56 - 52)/(3 \times 2) \fallingdotseq 0.67$ と計算されます。

第 **8** 章

相関分析

学習のポイント

　変数xが連続的に変化するとき、変数yも連続的に変化する関係があることを相関があるといいます。この章では、2変数間の関係を解析する相関分析の手法について学びます。相関係数rを求められるようにしておきましょう。

1 相関分析

でる度 ★★★

2変数間の関係を分析する

変数xの連続的な変化に対して、変数yも連続的に変化する関係があれば、xとyとの間に**相関**があるといいます。

散布図では、2つのデータ間についておおよそのことはわかりますが、より詳しく2変数間の関係を調べたいときには、**相関分析**を使います。

一般的に、2変数の横軸を**要因変数**x、縦軸を**結果変数**yとして表します。変数が2つの場合の解析法を**単相関分析**といい、3つ以上の変数について関係を解析する方法を重相関分析といいます。このテキストでは、3級の試験範囲である単相関分析に絞って記述しています。

(1) 正の相関

正の相関があるとは、ある変数xが増加するに従って、もう一方の変数yも増加することをいいます。散布図では右肩上がりとなり、規則性がみられます。

(2) 負の相関

負の相関があるとは、ある変数xが増加するに従って、もう一方の変数yが減少することをいいます。正の相関とは逆に、散布図では右肩下がりとなる規則性があります。

(3) 相関がない (無相関)

相関がないとは、ある変数xが増大しても、もう一方の変数yは無関係な値を取ることをいいます。散布図において、各データは散らばっており、規則性がみられません。

図表8-1　各種相関の散布図

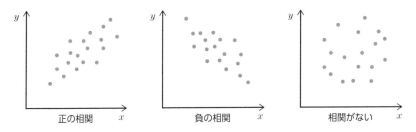

2 相関係数

でる度 ★★★

2変数間の直線的な関係を r で示す

(1) 相関係数とは

　相関係数とは、2つの変数間にどの程度、直線的な強い関係があるかを示す数値をいい、一般的に r で表します。この r を**試料相関係数**と呼ぶこともあります。

　また、3つ以上の変数を扱う重相関係数と区分するために、2つの変数の場合の相関係数を**単相関係数**と呼ぶこともあります。r は、-1 から $+1$ までの間の値を取ります。すなわち、

$$-1 \leqq r \leqq 1$$

となります。この相関係数 r がプラスの場合は正の相関、マイナスの場合は負の相関があることを示します。

図表8-2　相関係数の値と相関の強さ

相関係数	相関の強さ
$|r| \geqq 0.8$	強い相関がある
$0.8 > |r| \geqq 0.6$	相関がある
$0.6 > |r| \geqq 0.4$	弱い相関がある
$|r| < 0.4$	ほとんど相関がない

（2）相関係数 r の求め方

　一般的に、変数 x と変数 y の相関係数 r を求めるために、n 組のデータを用いると仮定すると、次のように表すことができます。

$$r = \frac{S_{xy}}{\sqrt{S_x} \times \sqrt{S_y}}$$

ここで、

S_x は x の平方和として、$S_x = \sum x_i^2 - \dfrac{\left(\sum x_i\right)^2}{n}$

S_y は y の平方和として、$S_y = \sum y_i^2 - \dfrac{\left(\sum y_i\right)^2}{n}$

S_{xy} は x と y との積和として、$S_{xy} = \sum x_i \cdot y_i - \dfrac{\left(\sum x_i\right)\left(\sum y_i\right)}{n}$
を示しています。

[事例]

　次のデータから相関係数 r を求めてみましょう。

　変数 x：　1　3　5　7　9

　変数 y：　5　7　10　9　10

　まず、図表 8-3 のような計算表を作成し、次の計算式により求めます。

図表 8-3　計算補助表

	x	y	x^2	y^2	$x \times y$
1	1	5	1	25	5
2	3	7	9	49	21
3	5	10	25	100	50
4	7	9	49	81	63
5	9	10	81	100	90
合計	25	41	165	355	229

$$S_x = \sum x_i^2 - \frac{\left(\sum x_i\right)^2}{n} = 165 - \frac{25 \times 25}{5} = 40$$

$$S_y = \sum y_i^2 - \frac{\left(\sum y_i\right)^2}{n} = 355 - \frac{41 \times 41}{5} = 18.8$$

$$S_{xy} = \sum x_i \cdot y_i - \frac{\left(\sum x_i\right)\left(\sum y_i\right)}{n} = 229 - \frac{25 \times 41}{5} = 24$$

よって、相関係数 r は

$$r = \frac{S_{xy}}{\sqrt{S_x} \times \sqrt{S_y}} = \frac{24}{\sqrt{40} \times \sqrt{18.8}} \fallingdotseq 0.88$$

となります。

攻略のツボ！
相関係数 $r = S_{xy} \big/ \left(\sqrt{S_x} \times \sqrt{S_y}\right)$ の求め方をマスターすれば得点できます。

練習問題

Q1 x の平均値 = 3.0 で平方和 = 4.0、y の平均値 = 7.0 で平方和 = 10.0 とする。x と y との積和 = 5.0 のとき、相関係数 r を求めよ。

【選択肢】 ア. 0.70　イ. 0.75　ウ. 0.79

Q2 ① 2 変数 x と y との関係の強さを示す指標の 1 つに、相関係数 r がある。この相関係数 r を求める式を選択肢から選べ。なお、x の平方和を S_x、y の平方和を S_y、x と y の積和を S_{xy} とする。

【選択肢】 ア. $S_{xy}/S_x \cdot S_y$　イ. $\left(S_{xy}\right)^2 \big/ S_x \cdot S_y$　ウ. $S_{xy} \big/ \left(\sqrt{S_x} \cdot \sqrt{S_y}\right)$

② 相関係数 r が取りうる範囲は下記のどれかを選択肢から選べ。

【選択肢】 ア. $0 \leqq r \leqq 1$　イ. $-1 \leqq r \leqq 1$　ウ. $-2 \leqq r \leqq 2$

③ 2 変数 x、y との相関係数が 0 の場合には、両者にはまったく関係がないといえるか、○×で答えよ。

解答・解説

A1 　ウ

$r = S_{xy} \big/ \left(\sqrt{S_x} \cdot \sqrt{S_y} \right) = 5 \big/ \left(\sqrt{4} \cdot \sqrt{10} \right) = 5 \big/ \left(2 \times 3.16 \right) \fallingdotseq 0.79$ です。

A2 　　①ウ 　　②イ 　　③×

①、②は本文を参照のこと。

③ r の値が限りなく 0 に近くても、2 変数間に関係がないとはいえない場合が
あります。例えば、図表 8-4 のような散布図の場合、x と y の相関係数は 0 に
なりますが、2 次関数としての関係があります。

図表8-4　2次曲線に近い散布図

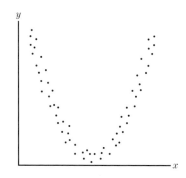

これで本編は終了です。
最後に模擬試験にチャレンジして
学習の仕上げを行いましょう！

第 **9** 章

模擬試験 （試験時間 90分）

学習のポイント

　3級の合格基準は、手法分野と実践分野の得点がおおむね50%以上で、全体の得点はおおむね70%以上が目安です。本試験ではほぼ100問が出題されますが、本書では106問を収録しています。

　模擬試験で間違えたテーマについては、解説ページに戻って確認することで得点力をUPさせましょう。

QC検定3級　模擬試験解答用紙

問1					問2					
(1)	(2)	(3)	(4)	(5)	(6)	(7)	(8)	(9)	(10)	(11)

問2			問3					問4		
(12)	(13)	(14)	(15)	(16)	(17)	(18)	(19)	(20)	(21)	(22)

問4		問5				問6				
(23)	(24)	(25)	(26)	(27)	(28)	(29)	(30)	(31)	(32)	(33)

問6			問7							
(34)	(35)	(36)	(37)	(38)	(39)	(40)	(41)	(42)	(43)	(44)

問8						問9				問10
(45)	(46)	(47)	(48)	(49)	(50)	(51)	(52)	(53)	(54)	(55)

問10					問11					
(56)	(57)	(58)	(59)	(60)	(61)	(62)	(63)	(64)	(65)	(66)

問11	問12								問13	
(67)	(68)	(69)	(70)	(71)	(72)	(73)	(74)	(75)	(76)	(77)

問13					問14					
(78)	(79)	(80)	(81)	(82)	(83)	(84)	(85)	(86)	(87)	(88)

問14			問15				問16			
(89)	(90)	(91)	(92)	(93)	(94)	(95)	(96)	(97)	(98)	(99)

問16		問17					合計　　　　　　　点
(100)	(101)	(102)	(103)	(104)	(105)	(106)	

問1 次の文章において、□□内に入る最も適切なものを次の選択肢から1つ選び、解答せよ。ただし、各選択肢を複数回用いることはない。

① 品質管理で扱うデータには、大きく分けると、数値データと言語データがあり、数値データは □(1)□ と □(2)□ に分けられる。□(1)□ は量の単位があり、連続量として測定される特性の値である。また、□(2)□ は個数を数えて得られる特性の値で、不連続(離散的)な数しかとり得ない数値のことをいう。

② 母集団から標本を抽出する行為を □(3)□ という。標本は母集団の姿を反映していることが重要で、かたよりなく標本を抽出する必要がある。すなわち、母集団を構成する要素が □(4)□ で標本に含まれるようにする。このような方法を □(5)□ という。

【選択肢】

ア．サンプリング　　イ．計量値　　ウ．計数値　　エ．ロット

オ．ランダムサンプリング　　　　カ．等しい確率　　キ．等分散

問2 基本統計量とその計算に関する次の文章において、□□内に入る最も適切なものを次の選択肢から1つ選び、解答せよ。ただし、各選択肢を複数回用いることはない。

製品を6個選んで、長さ x mm を測定すると、下表のデータを得ることができた。

No.	1	2	3	4	5	6
測定値	68.7	68.6	68.3	68.1	68.9	68.4

計算を簡単にするために、数値変換 $y = (x - 68) \times 10$ を行い、次の表を得た。

No.	1	2	3	4	5	6	合計
$y = (x - 68) \times 10$	7	6	3	1	9	4	30
y^2	49	36	9	1	81	16	192

変換値 y の平均値 $\overline{y}$、平方和 S_y、不偏分散 V_y を求めると、

$$\overline{y} = \boxed{(6)}$$

$$S_y = 192 - \frac{30^2}{6}$$

$$V_y = \boxed{(7)}$$

続いて、変換値を元に戻すと、平均値 $\bar{x}$、平方和 S、不偏分散 V、標準偏差 s は次のようになる。

$$\bar{x} = \boxed{(8)} + \frac{30}{6} \times \frac{1}{\boxed{(9)}} = \boxed{(10)}$$

$$S = \left(192 - \frac{30^2}{6}\right) \times \frac{1}{\boxed{(11)}} = \boxed{(12)}$$

$$V = \frac{\boxed{(12)}}{5} = \boxed{(13)}$$

$$s = \sqrt{\boxed{(13)}} \fallingdotseq \boxed{(14)}$$

【選択肢】

ア．0.062	イ．0.084	ウ．0.147	エ．0.290	オ．0.31
カ．0.42	キ．4.2	ク．5	ケ．6	コ．10
サ．8.4	シ．41	ス．42	セ．65	ソ．68
タ．68.4	チ．68.5	ツ．100	テ．192	

問3 工程能力指数に関する次の文章において、$\boxed{}$ 内に入る最も適切なものを次の選択肢から1つ選び、解答せよ。ただし、各選択肢を複数回用いてもよい。なお、解答にあたっては必要であれば154ページの正規分布表を用いよ。

ある製品を生産している工程は管理状態にある。その製品の特性値の平均を μ、標準偏差を σ とする。特性値の分布は正規分布とみなされ、$\mu = 41.0$　$\sigma = 2.0$ とする。

製品の規格は上限値と下限値があり、規格値は 42.0 ± 4.0 である。

① このときの工程能力指数 C_p は $\boxed{(15)}$ であり、平均のかたよりを考慮した工程能力指数 C_{pk} は $\boxed{(16)}$ である。この結果、工程能力は $\boxed{(17)}$ と判断される。

② このとき規格の上限を外れる確率は約 $\boxed{(18)}$ ％となる。

③ 仮に、特性値の平均を規格の中心と一致させて、$C_p \fallingdotseq 1.33$ とするためには σ を $\boxed{(19)}$ とすればよい。

【選択肢】

　ア. 0.5　　　イ. 0.62　　　ウ. 0.67　　　エ. 1.0　　　オ. 1.33

問4　　相関分析に関する次の文章において、□□□内に入る最も適切なものを次の選択肢から1つ選び、解答せよ。ただし、各選択肢を複数回用いることはない。

① x と y が対になったデータが得られており、相関係数計算のため下記が所与とされている。

No.	x	y	x^2	y^2	$x \times y$
1	6	4	36	16	24
2	7	6	49	36	42
3	5	2	25	4	10
4	9	6	81	36	54
5	8	4	64	16	32
合計	35	22	255	108	162

x の平方和 $S_x = 10$、y の平方和 $S_y = 11.2$ とすると

x と y の積和 S_{xy} について、

$S_{xy} = $ (20)

よって相関係数は

$r = $ (21)

【選択肢】

　ア. 8　　イ. 9　　ウ. 10　　エ. 0.76　　オ. 0.85

② 以下は、それぞれ対応するデータ x と y に関する散布図 A ～ C である。この散布図から読み取れる x と y の関係について、もっとも近い相関係数の値を次の選択肢から1つ選べ。

A　相関係数 $r =$ (22)

B　相関係数 $r =$ (23)

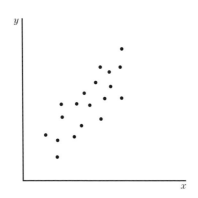

C　相関係数 $r =$ (24)

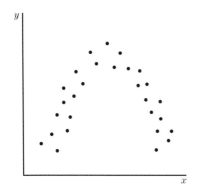

【選択肢】

ア．−1.00　　イ．−0.83　　　ウ．−0.27　　　エ．0.00　　　オ．0.31

カ．0.74　　　キ．1.00

問5　　チェックシートに関する次の文章において、最も適切なチェック
シートの種類を次の選択肢から1つ選び、解答せよ。ただし、各
選択肢を複数回用いることはない。

① フィルム貼付作業による不適合の項目ごとに、両端か中央かなどの発生部位
のクセを見つけるために、該当する項目にチェックマークを記入したもの。
　(25)

② フィルム貼付作業の不適合項目ごとの発生状況を、現象ではなく、要因別に
4Mに層別してチェックマークを記入したもの。
　(26)

③ フィルムの貼付作業が作業標準どおり進められているかどうかを確認するた
めに、作業の流れに従って作業項目にチェックマークを記入したもの。
　(27)

④ アルミ板を保護するフィルムの貼付作業での不適合品（シワ、気泡など）につ
いて、不適合が発生するたびに該当する項目にチェックマークを記入したも
の。
　(28)

【選択肢】

ア．不適合項目調査用チェックシート

イ．不適合要因調査用チェックシート

ウ．点検・確認用チェックシート

エ．不適合位置調査用チェックシート

問6　　ヒストグラムに関する次の文章において、　　　　内に入る最も適
切なものを次の選択肢から1つ選び、解答せよ。ただし、各選択
肢を複数回用いることはない。

次のデータ（一部のみ表示）より度数表を作成し、それに基づいてヒストグラム
を作成する。その手順は次のとおりである。

49.0	49.0	52.5	48.8	50.6
59.0	52.6	53.0	49.7	48.3
51.5	55.7	58.6	52.8	50.8
・・・	・・・	・・・	・・・	・・・
・・・	・・・	・・・	・・・	・・・
・・・	・・・	・・・	・・・	・・・

データ数 = 100　測定単位 = 0.1　最小値 = 48.2　最大値 = 59.5

手順①　仮の区間の数を決める

　　仮の区間の数はデータ数の平方根に近い整数とする。

手順②　区間の幅を決める

　　区間の幅は、　(29)　を仮の区間数で割って求め、測定単位（データの最小の
きざみ）の　(30)　倍に丸める。この時の値は　(31)　となる。

手順③　区間の境界値を決める

　　最初の区間の下側境界値を "最小値 − (32) / (33)" で計算する。
このときの値は　(34)　となる。この値に手順2で定めた区間の幅を加え、最
大値が入るまで区間を作成する。したがって、最初の区間は　(34)　〜　(35)
となる。

手順④　区間の中心値を決める

　　区間の中心値は "（区間の下側境界値 + 区間の上側境界値）/2" で計算する。
よって、このときの値は　(36)　となる。

手順⑤　度数表を作成する

手順⑥　度数表に基づきヒストグラムを作成する

手順⑦　データ数、平均値、標準偏差、規格値などを記入する

【選択肢】

ア．範囲	イ．奇数	ウ．偶数	エ．整数	オ．測定単位
カ．1.1	キ．1.2	ク．2	ケ．10	コ．11
サ．12	シ．48.15	ス．48.70	セ．49.25	ソ．100

問7　次の各状況に合うヒストグラムとその名称について、　　　内に
入る最も適切なものを次の選択肢から1つ選び、解答せよ。ただし、

各選択肢を複数回用いることはない。

① 製品の長さを 1mm 単位で測定したが、度数分布表の級の幅を 3mm で集計してヒストグラムを作成した。

　　　　　ヒストグラム：　(37)　　　名称：　(41)

② 少数の異常なデータが発生している。

　　　　　ヒストグラム：　(38)　　　名称：　(42)

③ 上限規格から外れた製品は取り除いてヒストグラムを作成した。

　　　　　ヒストグラム：　(39)　　　名称：　(43)

④ 2 人の作業者が、事前のすり合わせを十分に行わなかったために、2 人の担当した製品の平均の長さが大きく違った。

　　　　　ヒストグラム：　(40)　　　名称：　(44)

【　(37)　～　(40)　の選択肢】

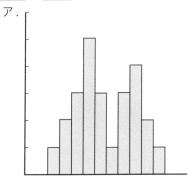

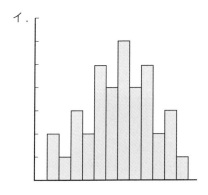

ウ.

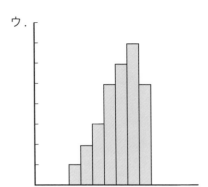

エ.

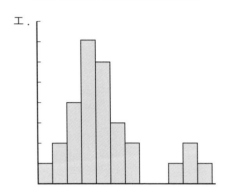

オ.

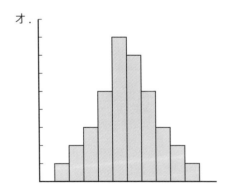

【 (41) ～ (44) の選択肢】

カ.一般型　　　　　キ.歯抜け型　　ク.二山型　　　ケ.絶壁型

コ.離れ小島型　　　サ.高原型

問8 $\bar{x}-R$ 管理図の作成手順を示した次の文章において、 $\boxed{}$ 内に入る最も適切なものを次のそれぞれの選択肢から1つ選び、記号で答えよ。ただし、各選択肢を複数回用いることはない。なお、管理係数表は下表を使用するものとする。

管理限界線を計算するための係数

n	A_2	D_3	D_4
2	1.880	–	3.267
3	1.023	–	2.574
4	0.729	–	2.282
5	0.577	–	2.114
6	0.483	–	2.004
7	0.419	0.076	1.924

手順① 対象とする工程と管理特性を決める

手順② データを集める

今回は1日を1群として、1日に5個のデータを採取し、20日分のデータを収集した。

手順③ 群ごとに平均値 $\bar{x}$ と範囲 R を求める

今回、求められた x と R について、それぞれ合計すると

$\sum \bar{x}_i = 1760$ と $\sum R = 100$ であった。

手順④ $\bar{x}$ について、平均値 $\bar{\bar{x}}$ および上方管理限界線 UCL と下方管理限界線 LCL を求め、中心線、上方管理限界線と下方管理限界線を記入する

今回、$\bar{\bar{x}} = \boxed{(45)}$

UCL $= \boxed{(46)}$　　LCL $= \boxed{(47)}$ となった。

手順⑤ R について平均値 $\bar{R}$ および上方管理限界線 UCL と下方管理限界線 LCL を求め、中心線、上方管理限界線と下方管理限界線を記入する

今回、$\bar{R} = \boxed{(48)}$

UCL $= \boxed{(49)}$　　LCL $= \boxed{(50)}$ となった。

【選択肢】

ア．5.0　　　イ．8.34　　　ウ．10.57　　　エ．76.0　　　オ．88.0

カ．85.115　　キ．88.136　　ク．89.214　　ケ．90.885

コ．示されない（考えない）

新QC7つ道具に関する次の文章において、最も適切なチェックシートの種類を次の選択肢から1つ選び、解答せよ。ただし、各選択肢を複数回用いることはない。

① 行に属する要素と列に属する要素の二元表を作成し、行と列の交点の要素に着目して問題解決の所在などを探るために使用する。
(51)

② はっきりしていない問題などを事実・意見／発想などの言語データでとらえ、それらの相互の類似性によって図にまとめ、図の全体を通して解決すべき問題の所在を明らかにするために使用する。
(52)

③ 問題に対して、その要因が数多く存在し、また、お互いに複雑に絡み合っている場合に各要因の因果関係を矢線で結び、大きく寄与している重要要因を定めるために使用する。
(53)

④ 問題を解決するための方策を目的と手段の関係で系統的に展開し、実施可能な最適方策を得るために使用する。
(54)

【選択肢】
　ア . 連関図法　　イ . 特性要因図　　ウ . 系統図法　　エ . 親和図法
　オ . マトリックス図法

問10
QC的ものの見方・考え方に関する次の文章において、正しいものには○、正しくないものには×を選び、解答せよ。

① 事実に基づく判断とは、物事の状況を事実データで把握し、客観的に判断していく考え方のことである。
(55)

② 集中管理とは、問題に対してむやみに対策をとるのではなく、重要と思われる項目に焦点を絞って対策をとる考え方をいう。
(56)

③ プロセス重視とは、結果に終始するのではなく、結果を生み出す仕組みやや

り方に着目する考え方である。

(57)

④ 再発防止とは、発生した異常に処置を講じる再発防止対策に対して、潜在的な問題にあらかじめ処置を講じる活動である。

(58)

⑤ 社内最適化とは、自分の行った仕事の受け取り手である次の工程は、お客様であると考えて活動を行うことである。

(59)

⑥ 顧客優先とは、絶えず顧客の満足度の向上を目指し、品物やサービスを提供して活動を行う考え方である。

(60)

問11 方針管理に関する次の文章において、□□□内に入る最も適切なものを次の選択肢から１つ選び、解答せよ。ただし、各選択肢を複数回用いることはない。

① (61) および年度経営計画の策定
昨年度の反省および経営環境（外部、内部）の分析に基づき、組織における問題点および (62) を明確化にする

② 目標の設定
現状打破の観点から、客観的に評価ができる定量的・具体的な目標の設定を行う。目標設定では、管理項目、目標値、 (63) を明記する必要がある。

③ 方針の (64) および (65) の策定
部門間をわたるテーマについては、部門 (66) チームの連携を強化する。

④ 実施状況の確認および処置
経営トップは、定期的に、方針の実施状況、目標の達成状況などを確認することが望ましい。

⑤ 実施状況のレビューおよび次期への反映
(67) には、その期における方針の実施状況を総合的にレビューし、次期の方針に反映させる。

【選択肢】

ア. 展開　　　　　　イ. 仕組み　　　ウ. 経営資源　　エ. 横断

オ. トップ診断　　　カ. 単独　　　　キ. 重点課題　　ク. 客観的

ケ. 主観的　　　　　コ. 達成期日　　サ. 実施計画

シ. 中長期経営計画　ス. プロジェクト終了時　　　　セ. 期末

問12

品質保証に関する次の文章の 　　　 に入るもっとも適切なものを次の選択肢から1つ選び、解答せよ。ただし、各選択肢を複数回用いることはない。

① 品質保証体系とは、ユーザーが満足する品質を達成するために必要なプログラムを全社的な見地から体系化したもので、これを図示したものを品質保証体系図という。

　　 (68) には製品の開発から販売・アフターサービスまでの開発ステップを、(69) には社内の各組織および顧客を配置した図で、図中に行うべき業務がフローチャートで示してある。さらに、 (70) を入れることが一般的である。

② 製品企画および設計・開発のステップでは、設計・開発担当部門が (71) を作成し、新製品に対するユーザーの要求品質と品質特性との関連を明確にし、(72) を定めることがポイントとなる。

③ 設計品質は、 (73) 部門が設計どおり製品を作れば、 (74) どおりの製品ができることを意味している。

④ 良い製品がきちんと作られたどうかチェックするために検査という関所があるのと同様に、設計の仕事の完成度をチェックする関所のことを (75) という。

【選択肢】

ア. 品質表　　イ. 縦軸　　　　ウ. 横軸　　　　エ. フィードバック経路

オ. 設計品質　カ. DR（デザインレビュー）　　キ. 製造

ク. 企画　　　ケ. 顧客の要求

問13

次の文章の 　　　 内に入るもっとも適切なものを次の選択肢から1つ選び、解答せよ。ただし、各選択肢を複数回用いることはない。

① 異常が発生した場合に、損害がこれ以上大きくならないように取る対策を
　 (76) という。さらに、原因を追究し、二度と同じ原因で異常が発生しない
　 ようにする対策を (77) という。また、異常が発生してからではなく、あら
　 かじめ工程での異常を想定し、その原因に対する対策を用意しておくことを
　 (78) という。

② 工程の順序、管理項目、管理方法などを定めて文章化し、工程管理するため
　 に使われる管理文書を一般的に (79) と呼んでいる。

③ 設計図、製品仕様書などに定められたとおりに作られる品質を (80) と呼ぶ。
　 また、設計品質とも呼ばれている。一方、適合品質は設計品質を実際に製品
　 とし製造する際の品質で、製造品質、 (81) とも呼ばれる。

④ 顧客にとって充足されないと不満だが、充足されても特にうれしくない品質
　 要素を (82) という。一方、充足されなくても不満はないが、充足されると
　 うれしい品質要素を (83) という。

【選択肢】

　ア. ねらいの品質　　　イ. 偶然品質　　　ウ. QC 工程表　　　エ. 管理図
　オ. 応急対策　　　　　カ. 未然防止　　　キ. 再発防止
　ク. できばえの品質　　ケ. あたりまえの品質　　　コ. さすがの品質
　サ. 魅力的品質

問14　問題解決型の QC ストーリー展開の手順に関する次の文章の
　　　　　 　　　　内に入るもっとも適切なものを次の選択肢から 1 つ選び、
　　　　　 解答せよ。ただし、各選択肢を複数回用いることはない。

手順①　メンバー全員で意見を出し合って、"X 部品の加工ミスの削減" を
　　　　 (84) とした。

手順②　「X 部品の加工ミス」がどれくらい発生しているのか、これまでのデー
　　　　 タを調査・分析して (85) を行った。

手順③　「X 部品の加工ミス」の発生内容に対して、達成可能な (86) を行った。

手順④　次に、全員で取り組むための (87) を策定した。

手順⑤　重要要因を絞り込むために、QC7つ道具の (88) を使って (89) を行っ
　　　　 た。

手順⑥　重要要因に対して [(90)] を実施した。

手順⑦　実施した結果と改善前の状況を比較し、[(91)] を行った。

手順⑧　改善の効果が確認されたので、作業方法の [(92)] を行った。

【選択肢】
　ア.目標設定　　　　イ.実施計画　　　ウ.テーマ　　　　エ.現状把握
　オ.QCストーリー　　カ.原因究明　　　キ.パレート図　　ク.効果確認
　ケ.標準化　　　　　コ.要因解析　　　サ.特性要因図　　シ.対策

問15　次の3つのケースについて、検査の種類を実施段階および検査方法により分類したい。もっとも適切なものを次の選択肢から1つ選び、解答せよ。ただし、各選択肢を複数回用いることはない。

① 検査課のZさんは、検査規格に従って、最終製品486個のうち5個について品質特性を測定し、すべて適合品であったため検査合格として486個を合格として処理した。

　　　　実施段階による分類：[(93)]　　　検査方法による分類：[(94)]

② 製造課のYさんは、自動検査装置により不適合と判定された部品を取り除き、適合品のみを次の工程に渡した。

　　　　実施段階による分類：[(95)]　　　検査方法による分類：[(96)]

③ 購買課のXさんは、Q社から購入している原材料について、過去の品質状況および添付された試験成績書をもとに検査合格と判定した。

　　　　実施段階による分類：[(97)]　　　検査方法による分類：[(98)]

【選択肢】
　ア.最終検査　　　　　　イ.中間検査　　　ウ.介入検査　　エ.受入検査
　オ.全数検査　　　　　　カ.抜き取り検査　キ.分析検査　　ク.間接検査
　ケ.ダイレクトリサーチ　コ.事前検査　　　サ.官能検査

問16　QCサークルに関する次の文章で正しいものには○印を、正しくないものには×印を選び、解答せよ。

① QCサークル活動を効果的に進めるうえでは、社外の研修会やQCサークル大会などに参加することが有効である。

[(99)]

② QCサークルは、自主管理活動であるため、管理者は職制の立場から、サークル間の意見調整や、指導・助言を行うべきではない。

[(100)]

③ QCサークル活動は、安全に関するテーマを含まない業務の質の向上を図ることを目的とした活動である。

[(101)]

④ QCサークル活動は、人材育成を通じて企業の体質改善・発展に寄与することを目指した活動である。

[(102)]

問17 標準化に関する次の文章で正しいものには○印を、正しくないものには×印を選び、解答せよ。

① 製造における作業標準は、4Mのうち人に関する項目だけでよい。

[(103)]

② 一度制定された標準であっても、その活用状況を観察し、不具合なところがあれば改訂する。また、実情に合わない場合は廃止することもある。

[(104)]

③ 社内標準化の効果には、「技術の蓄積」を図ることがあり、内容が不明確であれば蓄積が行われないことから、すべてを詳細に作成する必要がある。

[(105)]

④ 標準を作成するときは、一部の社員が管理者から指示された内容だけを標準として制定するよりも、実際に実施する関係者の意見等を反映することが望ましい。

[(106)]

問1					問2					
(1)	(2)	(3)	(4)	(5)	(6)	(7)	(8)	(9)	(10)	(11)
イ	ウ	ア	カ	オ	ク	サ	ソ	コ	チ	ツ

問2			問3					問4		
(12)	(13)	(14)	(15)	(16)	(17)	(18)	(19)	(20)	(21)	(22)
カ	イ	エ	ウ	ア	ア	イ	エ	ア	エ	ウ

問4		問5				問6				
(23)	(24)	(25)	(26)	(27)	(28)	(29)	(30)	(31)	(32)	(33)
カ	エ	エ	イ	ウ	ア	ア	エ	カ	オ	ク

問6			問7							
(34)	(35)	(36)	(37)	(38)	(39)	(40)	(41)	(42)	(43)	(44)
シ	セ	ス	イ	エ	ウ	ア	キ	コ	ケ	ク

問8						問9				問10
(45)	(46)	(47)	(48)	(49)	(50)	(51)	(52)	(53)	(54)	(55)
オ	ケ	カ	ア	ウ	コ	オ	エ	ア	ウ	○

問10					問11					
(56)	(57)	(58)	(59)	(60)	(61)	(62)	(63)	(64)	(65)	(66)
×	○	×	×	○	シ	キ	コ	ア	サ	エ

問11	問12									問13
(67)	(68)	(69)	(70)	(71)	(72)	(73)	(74)	(75)	(76)	(77)
セ	イ	ウ	エ	ア	オ	キ	ケ	カ	オ	キ

問13						問14				
(78)	(79)	(80)	(81)	(82)	(83)	(84)	(85)	(86)	(87)	(88)
カ	ウ	ア	ク	ケ	サ	ウ	エ	ア	イ	サ

問14			問15							問16
(89)	(90)	(91)	(92)	(93)	(94)	(95)	(96)	(97)	(98)	(99)
コ	シ	ク	ケ	ア	カ	イ	オ	エ	ク	○

問16			問17				合計			点
(100)	(101)	(102)	(103)	(104)	(105)	(106)				
×	×	○	×	○	×	○				

〈**合格基準**〉 問1～問9の手法分野の得点が50%以上（本書では27つ）かつ問10～問17の実践分野の得点が50%以上（本書では26つ）で、全体の得点が70%以上（本書では75つ）が合格の目安です。

問1 (1) **イ** (2) **ウ** (3) **ア** (4) **カ** (5) **オ**

① 品質管理で扱うデータには、大きく分けると、数値データと言語データがあり、数値データは**計量値**と**計数値**に分けられる。**計量値**は量の単位があり、連続量として測定される特性の値である。また、**計数値**は個数を数えて得られる特性の値で、不連続（離散的）な数しかとり得ない数値のことをいう。

② 母集団から標本を抽出する行為を**サンプリング**という。標本は母集団の姿を反映していることが重要で、かたよりなく標本を抽出する必要がある。すなわち、母集団を構成する要素が**等しい確率**で標本に含まれるようにする。このような方法を**ランダムサンプリング**という。

問2 (6) **ク** (7) **サ** (8) **ソ** (9) **コ** (10) **チ**
(11) **ツ** (12) **カ** (13) **イ** (14) **エ**

$$\bar{y} = \frac{30}{6} = 5$$

$$S_y = 192 - 150 = 42$$

$$V_y = \frac{42}{5} = 8.4$$

$$\{x_1, x_2, x_3, \cdots\cdots x_i\}$$

を次のように変換すると、

$$y_i = (x_i - a) \times h$$

元のデータ x_i の平均値 $\bar{x}$ と平方和 S は次のように表すことができる。

$$\bar{x} = a + \frac{\Sigma y_i}{n} \times \frac{1}{h}$$

$$S = \left(\Sigma y_i{}^2 - \frac{(\Sigma y_i)^2}{n} \right) \times \frac{1}{h^2}$$

よって

平均値 $\bar{x} = 68 + \dfrac{30}{6} \times \dfrac{1}{10} = 68.5$

平方和 $S = \left(192 - \dfrac{30^2}{6} \right) \times \dfrac{1}{10^2} = 0.42$

不偏分散 $V = \dfrac{0.42}{5} = 0.084$

標準偏差 $s = \sqrt{0.084} \fallingdotseq 0.290$

問3　(15) **ウ**　　(16) **ア**　　(17) **ア**　　(18) **イ**　　(19) **エ**

① 工程能力指数 C_p は

$$C_p = \frac{規格の幅}{6 \times 標準偏差} = \frac{4.0 \times 2}{6 \times 2} \fallingdotseq 0.67$$

かたよりを考慮した工程能力指数 Cpk は

$$C_{pk} = \frac{平均 - 規格下限}{3 \times 標準偏差} = \frac{41.0 - 38.0}{3 \times 2} = 0.50$$

この結果、工程能力は **0.50** と判断される。

② 標準化すると

$$K_p = \frac{規格上限 - 平均}{標準偏差} = \frac{46.0 - 41.0}{2} = 2.5$$

$K_p = 2.5$ のときの正規分布表から P を求めると 0.00621 が得られる。

よって約 **0.62**％となる。

③ $C_p \fallingdotseq 1.33$ とするためには、$(4.0 \times 2)/6\sigma$ となることから、$\sigma = 1$ となる。

問4　(20) **ア**　　(21) **エ**　　(22) **ウ**　　(23) **カ**　　(24) **エ**

① $S_{xy} = 162 - \dfrac{35 \times 22}{5} = 8$

よって、相関係数は

$$r = \frac{S_{xy}}{\sqrt{S_x} \times \sqrt{S_y}} = \frac{8}{\sqrt{10} \times \sqrt{11.2}} \fallingdotseq \frac{8}{10.58} \fallingdotseq 0.76$$

② A は直線的な規則性はみられず、弱い負の相関がみられるので、ウが正解。B は直線ほどではないが、直線に近い相関性がみられるので、カが正解となる。C は曲線的な関係がみられるが、x と y に直線的な関係はみられないので、

エが正解となる。

(25) **エ** (26) **イ** (27) **ウ** (28) **ア**

① **不適合位置調査用チェックシート**とは、不適合の項目ごとに、両端か中央か
などの発生部位のクセを見つけるために、該当する項目にチェックマークを
記入するもの。

② **不適合要因調査用チェックシート**とは、不適合項目ごとの発生状況について、
現象ではなく要因別に 4M に層別してチェックマークを記入するもの。

③ **点検・確認用チェックシート**とは、作業が作業標準どおり進められているか
どうかを確認するために、必要な点検項目について、作業の流れに従って
チェックマークを記入するもの。

④ **不適合項目調査用チェックシート**とは、不適合品（シワ、気泡など）について、
品種ごとに不適合が発生するたびに該当する項目にチェックマークを記入す
るもの。

(29) **ア** (30) **エ** (31) **カ** (32) **オ**
(33) **ク** (34) **シ** (35) **セ** (36) **ス**

■ **手順①**
仮の区間の数＝$\sqrt{\text{データ数に近い整数}}$であるので、仮の区間の数＝$\sqrt{100}$ = 10
となる。

■ **手順②**
区間の幅＝**範囲**/区間の数より、
（範囲＝最大値−最小値）
区間の幅＝(59.5 − 48.2) / 10 = 1.13
この値を測定単位（データの最小のきざみ）の**整数倍**に丸めると、この時の値
は **1.1** となる。

■ **手順③**
最初の区間の下側境界値を "最小値−**測定単位/2**" で計算する。
最初の区間の下側境界値＝48.2 − 0.1 / 2 = **48.15** となる。
したがって、最初の区間は **48.15 ～ 49.25** となる。

模擬試験

■ **手順④**

区間の中心値は "(区間の下側境界値＋区間の上側境界値)/2" で計算する。

よって、このときの値は (48.15 ＋ 49.25) / 2 ＝ **48.70** となる。

問7　(37) **イ**　　(38) **エ**　　(39) **ウ**　　(40) **ア**　　(41) **キ**
(42) **コ**　　(43) **ケ**　　(44) **ク**

① **歯抜け型**とは、測定が不十分なときや、ヒストグラムを描くときの区間分けの方法が良くない場合にできる分布である。

② **離れ小島型**は、原材料などの一部に異なる種類のものが混入している場合などにできる。

③ **絶壁型**は、規格値を飛び出したものがあるために、飛び出した部分を選別して取り除いた場合にできる。

④ **二山型**は、異なる作業者や機械など平均値の異なる 2 種類のデータが含まれている場合にできる。

問8　(45) **オ**　　(46) **ケ**　　(47) **カ**　　(48) **ア**　　(49) **ウ**　　(50) **コ**

$\bar{x}$ 管理図

k を群の数とすると、

$$中心線\ \bar{\bar{x}} = \frac{\sum \bar{x}_i}{k} = \frac{1760}{20} = \textbf{88.0}$$

$$\mathrm{UCL} = \bar{\bar{x}} + A_2 \times \bar{R} = 88.0 + 0.577 \times 5.0 = \textbf{90.885}$$

$$\mathrm{LCL} = \bar{\bar{x}} - A_2 \times \bar{R} = 88.0 - 0.577 \times 5.0 = \textbf{85.115}$$

R 管理図

$$中心線\ \bar{R} = \frac{\sum \bar{R}}{k} = \frac{100}{20} = \textbf{5.0}$$

$$\mathrm{UCL} = D_4 \times \bar{R} = 2.114 \times 5.0 = \textbf{10.57}$$

$$\mathrm{LCL} = D_3 \times \bar{R} = 示されない（考えない）$$

問9　(51) **オ**　　(52) **エ**　　(53) **ア**　　(54) **ウ**

① **マトリックス図法**は、行に属する要素と列に属する要素の二元表を作成し、行と列の交点の要素に着目して問題解決の所在などを探るために用いる。

② **親和図法**は、はっきりしていない問題など、事実・意見／発想などの言語データでとらえ、それらの相互の類似性によって図にまとめ、図の全体を通して解決すべき問題の所在を明らかにするために使用する。

③ **連関図法**は、問題に対して、その要因が数多く存在し、また、お互いに複雑に絡み合っている場合に各要因の因果関係を矢線で結び、大きく寄与している重要要因を定めるために用いる。

④ **系統図法**は、問題を解決するための方策を目的と手段の関係で系統的に展開し、実施可能な最適方策を得るために使用する。

問10　(55) ◯　　(56) ✕　　(57) ◯　　(58) ✕
　　　　(59) ✕　　(60) ◯

② **重点指向**とは、問題に対して、むやみやたらに対策をとるのではなく、重要と思われる項目に焦点を絞り対策をとる考え方をいう。

④ **未然防止**とは、発生した異常に対して処置を講じる再発防止対策に対して、潜在的な問題に対して、あらかじめ処置を講じる活動をいう。

⑤ **後工程はお客様**とは、自分の行った仕事の受け取り手である次の工程は、お客様であると考えて活動を行うこと。

問11　(61) **シ**　　(62) **キ**　　(63) **コ**　　(64) **ア**　　(65) **サ**
　　　　(66) **エ**　　(67) **セ**

方針管理を推進するにあたっては、以下のことに留意すべきとされている。

1) **中長期経営計画**および年度経営方針の策定

　・昨年度の反省および経営環境（外部、内部）の分析に基づき、組織における問題点および**重点課題**を明確化にする

・目標に関しては、現状打破の観点から、客観的に評価ができる定量的・具体的な目標の設定を行う

・目標設定では、管理項目、目標値、**達成期日**を明記する必要がある

2) 方針の**展開**および**実施計画**の策定

・上位の重点課題・目標が、下位の重点課題・目標を達成することで、確実に達成されるようにする

・部門間をわたるテーマについては、部門**横断**チームの連携を強化する

・経営資源配分を考慮し、予算と方策との整合性をとる

3) 実施状況の確認および処置

・組織は、目標が達成されない、または方策が計画どおり実施されないような現象を早期に発見できる仕組みをあらかじめ作っておくことが望ましい

・経営トップおよび部門長は、定期的に、方針の実施状況、目標の達成状況などを診断することが望ましい

4) 実施状況のレビューおよび次期への反映

・**期末**には、その期における方針の実施状況を総合的にレビューし、組織の中長期計画、経営環境をふまえて、次期の方針に反映させる

問12 (68) **イ**　　(69) **ウ**　　(70) **エ**　　(71) **ア**　　(72) **オ**
(73) **キ**　　(74) **ケ**　　(75) **カ**

---

① 品質保証体系とは、ユーザーが満足する品質を達成するために必要なプログラムを全社的な見地から体系化したもので、これを図示したものを品質保証体系図という。

縦軸には製品の開発から販売・アフターサービスまでの開発ステップを、**横軸**には社内の各組織および顧客を配置した図で、図中に行うべき業務がフローチャートで示してある。さらに、**フィードバック経路**を入れることが一般的である。

② 製品企画および設計・開発のステップでは、設計・開発担当部門が**品質表**を作成し、新製品に対するユーザーの要求品質と品質特性との関連を明確にし、**設計品質**を定めることがポイントとなる。

③ 設計品質は、**製造部門が設計どおりに製品を作れば**、**顧客の要求**どおりの製品ができあがることを意味している。

④ 良い製品がきちんと作られたかどうかをチェックするために検査という関所があるのと同様に、設計の仕事の完成度をチェックする関所のことを **DR（デザインレビュー）** という。

問13 (76) **オ**　　(77) **キ**　　(78) **カ**　　(79) **ウ**　　(80) **ア**
　　　　(81) **ク**　　(82) **ケ**　　(83) **サ**

① **応急対策**とは、異常が発生した場合に、損害がこれ以上大きくならないように取る対策をいう。
再発防止とは、原因を追究し、二度と同じ原因で異常が発生しないようにする対策をいう。
未然防止とは、異常が発生してからではなく、あらかじめ工程での異常を想定し、その原因に対する対策を用意しておくことをいう。

② **QC工程表**とは、工程の順序、管理項目、管理方法などを定めて文章化し、工程管理するために使われる管理文書のことをいう。

③ **ねらいの品質**とは、設計図、製品仕様書などに定められたとおりに作られる品質である。
できばえの品質とは、設計品質を実際に製品とし製造する際の品質である。

④ **あたりまえの品質**とは、充足されないと不満だが、充足されても特にうれしくない品質要素である。
魅力的品質とは、充足されなくても不満はないが、充足されるとうれしい品質要素である。

問14 (84) **ウ**　　(85) **エ**　　(86) **ア**　　(87) **イ**　　(88) **サ**
　　　　(89) **コ**　　(90) **シ**　　(91) **ク**　　(92) **ケ**

■ **手順①**
　メンバー全員、意見を出し合って、"X部品の加工ミスの削減" を**テーマ**とした。
■ **手順②**
　「X部品の加工ミス」がどれくらい発生しているのか、これまでのデータを調

査・分析して**現状把握**を行った。

■ **手順③**

「X 部品の加工ミス」の発生内容に対して、達成可能な**目標設定**を行った。

■ **手順④**

次に、全員で取り組むための**実施計画**を策定した。

■ **手順⑤**

重要要因を絞り込むために、QC7 つ道具の**特性要因図**を使って**要因解析**を行った。

■ **手順⑥**

重要要因に対して**対策**を実施した。

■ **手順⑦**

実施した結果と改善前の状況を比較し、**効果確認**を行った。

■ **手順⑧**

改善の効果が確認されたので、作業方法の**標準化**を行った。

問15 (93)**ア** (94)**カ** (95)**イ** (96)**オ** (97)**エ** (98)**ク**

検査は、受入検査（原材料や部品の受入時）、工程内検査・中間検査、最終検査・出荷検査の 3 段階で実施される。また、製品すべてを検査するのを全数検査といい、抜き取った一部だけを検査し、ロット全体の合否を判定するのを抜き取り検査という。間接検査とは、業者の試験成績書を元に行う検査である。

① 検査課の Z さんは、検査規格に従って、最終製品 486 個のうち 5 個について品質特性を測定し、すべて適合品であったため検査合格として 486 個を合格として処理した。

　　実施段階による分類：**最終検査**　　　検査方法による分類：**抜き取り検査**

② 製造課の Y さんは、自動検査装置により不適合と判定された、部品を取り除き、適合品のみを次の工程に渡した。

　　実施段階による分類：**中間検査**　　　検査方法による分類：**全数検査**

③ 購買課の X さんは、Q 社から購入している原材料について、過去の品質状況および添付された試験成績書をもとに検査合格と判定した。

　　実施段階による分類：**受入検査**　　　検査方法による分類：**間接検査**

問16 (99) ⭕ (100) ❌ (101) ❌ (102) ⭕

① 自己啓発や相互啓発の一環として、社外の研修会やQCサークル活動に参加することは有効といえる。

② QCサークルは、自主管理活動だが、管理者は職制の立場から、サークル間の意見調整や指導・助言は積極的に行うべきである。

③ QCサークル活動には、安全性を向上させる活動も含まれる。

問17 (103) ❌ (104) ⭕ (105) ❌ (106) ⭕

① 4Mすべての関連する項目を作成すべきである。

③ 社内標準化の効果には、「技術の蓄積」を図ることが挙げられるが、内容を詳細にしすぎると、細かな変更に対応できなく恐れがある。そのため、すべてを詳細に作成する必要はない。

第1章

- **品質第一主義**は、企業の経営戦略として、商品やサービスの品質に最も価値を置く方針

- **マーケット・イン**は、生産や販売を行う側が、市場の消費者ニーズを把握・分析し、消費者の期待に応えるような商品を市場に提供すること

- **プロダクト・アウト**とは、企業が自社の販売・生産計画に基づいて、市場に製品やサービスを投入すること

- **後工程はお客様**とは、自分が担当する仕事の後を引きつぐ次の工程である「後工程」が自分の「顧客」にもなるという考え方

- **重点指向**とは、目標を達成するために、結果に及ぼす影響を調査・予測し、効果が大きく優先順位が高いものに集中的に取り組むこと

- **プロセス**：インプットを使用して意図した結果（アウトプット、製品またはサービス）を生み出す、相互に関連するまたは相互に作用する一連の活動（JIS Q 9000：2015）

- **再発防止**：問題の原因または原因の影響を除去して、再発しないようにする処置。また、再発防止には是正処置、予防処置が含まれる（JIS Q 9024：2003）

- **再発防止対策**とは、同じ原因によって工程や製品に異常が再発しないように取る対策のこと

- **未然防止**：活動および作業の実施に伴って発生すると予想される問題をあらかじめ計画段階で洗い出し、それに対する対策を講じておく活動（JIS Q 9027：2018）

- **ポカヨケ（フールプルーフ）**とは、工場などの製造ラインに設置される作業ミスを防止する仕組みや装置のこと

- **フェールセーフ**とは、故障や操作ミス、設計上の不具合などの障害が発生することをあらかじめ想定し、起きた際の被害を最小限に留める工夫をしておく設計思想のこと

- **源流管理**とは「真の原因がどこにあるのか」を川の流れに例えて前工程（源流）へとさかのぼり、真の原因を突き止め、改善・管理すること

- **QCD**：品質（Quality）、コスト（Cost）、納期（Delivery）の3つの頭文字を取ったもので需要の3要素という。広義の品質とも呼ばれる

- **QCD＋PSME**：QCDに生産性（Productivity）、安全性（Safety）、モラール・士気・やる気（Morale）、環境（Environment）を加えたもの。品質の管理項目とする場合もある

- **事実に基づく判断**とは、品質管理の目的に応じて、事実を客観的に把握できるデータを取得して判断を行うこと。これにより主観による間違った判断を減らすことができる

- **KKD**：日本語の「勘、経験、度胸」をアルファベットで書いたときの頭文字を並べたもの。問題が発生したときに、事実を重視せずKKDのみに頼って問題を処理することを指す

- **三現主義**とは、現場・現物・現実の頭文字を取ったもの。問題が発生した場合、机上で考えて対処しようとせず、まず「現場」に足を運び、「現物」を自分の目で確認し、「現実」的に解決・改善に取り組むこと

- **見える化**とは、問題や課題、その他について明確にし、関係者全員が現状把握できるようにすること

- **品質特性**とは、要求事項に関連する、対象に本来備わっている特性（JIS Q 9000：2015）のうち、品質を構成している要素のこと。例えば、消しゴムの品質特性にはゴムの硬さ、消しやすさなどが挙げられる

- 品質特性値：品質特性を表した数値。工程において、人・機械・材料・方法が同一でも、出来上がってくる製品の品質特性値にはばらつきが発生することがある
- 偶然原因によるばらつきとは、同じ条件で生産しても製品の品質特性値により生じてしまうばらつきのこと。現在の技術レベルでは許容せざるを得ない原因による。こうした原因を「偶然原因」「突き止められない原因」「やむを得ないばらつき」ともいう
- 異常原因によるばらつきとは、作業者が手順を守らなかったなど工程に異常があった場合に生じるばらつきのこと。「突き止められる原因」ともいう
- TQM（Total Quality Management）：総合的品質管理。全社を挙げて全体的な品質の向上をめざす経営管理手法の1つ。顧客の満足を通じて組織の構成員と社会の利益を目的とする品質を中核にした構成員すべての参画が基礎となる経営の方法
- 品質：本来備わっている特性の集まりが、要求事項を満たす程度（JIS Q 9000：2015）
- 品質要素とは、品質を構成している性質、性能に分解したとき、その分解された個々の性質、性能のこと
- 要求品質とは、製品に対する要求事項の中で、品質に関するもの
- ねらいの品質とは、設計図、製品仕様書などに定められ、製造の目標として想定した品質のこと。設計品質とも呼ばれる。設計品質の良し悪しは「製品仕様が顧客の要求にどれだけ合致しているか」で決められる
- できばえの品質とは、設計品質を実際に製品として製造した際の品質のこと。製造品質、適合品質とも呼ばれる。製造品質の良し悪しは「要求された品質特性値にどれだけ合致しているか」で定められる
- 代用特性とは、要求される品質特性を直接測定することが困難な場合、その代用として用いる品質特性のこと
- 当たり前品質とは、製品に当たり前に求められる必要最低限の品質のこと。満たされないと不満だったり、充足されても特にうれしくなかったりする
- 魅力的品質とは、製品に必要な要素を超える付加価値があることで、充足されなくても不満はないものの、充足されるとうれしい品質
- 顧客満足：顧客の期待が満たされている程度に関する顧客の受け止め方（JIS Q 9000：2015）
- 改善：水準を現状より高いレベルに設定し、高い水準を達成するための問題または課題を特定し、問題解決または課題達成を繰り返す活動
- PDCAサイクル：ビジネスにおける管理手法の1つで、Plan（計画）、Do（実施）、Check（確認）、Action（処置）という4ステップで構成される。このサイクルをスパイラル状にくり返すことにより、継続的改善を図っていくことが重要とされる
- SDCAサイクル：誰でも実施できるよう標準化されたルールや手順から始まるサイクルをSDCAサイクルという。Standardize（標準化）、Do（実行）、Check（確認）、Action（処置）の4つで構成される
- PDCAS：PDCAにStandardize（標準化）を加え、サイクルが後戻りしてしまわないようにしたもの。実行後に標準化を行うことが重要である
- QCストーリーとは、問題解決を正しく進め、確実に効果を出すために活用する問題解決ステップのこと
- 課題達成型QCストーリーとは、現状をよりよくするために達成すべき目標が与えられた場合に、その目標を達成するために行う改善手順を示したもの。まず「ありたい姿」を明確にする

ことで、現状との差（ギャップ）を明確にし、そのギャップを埋めるために重点的に何に取り組むかを決定する

- 問題解決型QCストーリーとは、問題が生じている場合に、それを解決していくための改善手順を示したもの
- 保証とは、責任をもって「間違いがない」「大丈夫である」と認め、将来に向けて約束すること
- 品質保証：顧客および社会のニーズを満たすことを確実にし、確認し、実証するために、組織が行う体系的活動（JIS Q 9027：2018）
- 品質機能展開（QFD）：製品に対する品質目標を実現するために、様々な変換および展開を用いる方法論（JIS Q 9025）
- FTAとは、安全性・信頼性解析手法の1つで、システムに起こり得る望ましくない事象（特定の故障・事故）を想定し、その発生要因を上位のレベルから順次下位に展開して、最下位の問題事象の発生頻度から故障・事故の因果関係を明らかにする手法
- 製造物責任（Product Liability）とは、製品の瑕疵が原因で生じた人的・物理的被害に対し、製造者が負うべき損害賠償責任のこと
- 製造物責任法（PL法）：製造業者が負うべき賠償責任を定めた法律
- 苦情：製品もしくはサービスまたは苦情対応プロセスに関して、組織に対する不満足の表現であって、その対応または解決を、明示的または暗示的に期待しているもの（JIS Q 10002）
- 作業標準：作業の目的、作業条件（使用材料、設備・器具、作業環境など）、作業方法（安全の確保を含む）、作業結果の確認方法（品質、数量の自己点検など）などを示した標準（JIS Z 8002）
- 作業標準書：いわゆる作業マニュアルのこと。作業要領書、作業手順書、作業基準書などと呼ばれることもある
- プロセス：インプットを使用して意図した結果（ア

ウトプット、製品またはサービス）を生み出す、相互に関連するまたは相互に作用する一連の活動（JIS Q 9000：2015）

- 検査とは、品物またはサービスの1つ以上の特性値について、測定、試験、検定、ゲージ合わせなどを行って、その結果を規定要求事項と比較して、適合しているかどうかを判定する活動（JIS Z 9015：2006）のこと。規定要求事項を満たしているものを適合品、満たしていないものを不適合品と呼ぶ
- 受入検査とは、供給者から提出されたロットを受け入れてよいかどうか判定するために行う検査
- 購入検査とは、外部から提出されたロットを購入する場合に行う検査
- 工程間検査（中間検査）とは、工場内で、ある工程から次の工程へ、半製品を移動してよいかどうかを判定するために行う検査
- 最終検査とは、できあがった製品が、要求事項を満足しているかどうかを決定するために行う検査
- 出荷検査とは、製品を出荷する際に行う検査
- 全数検査とは、製品・サービスのすべてのアイテムに対して行う検査
- 無試験検査とは、品質情報・技術情報などを記載した書類に基づいて、サンプル試験を省略する検査
- 間接検査とは、受入検査で供給者が行った検査結果を必要に応じて確認することで、受入側の試験を省略する検査
- 抜取検査とは、決まった抜取検査方式に従い、ロットからサンプルを抜き取って検査し、その結果を判定基準と比較して当該ロットの合格・不合格を判定する検査
- 官能検査とは、人間の感覚（視覚・聴覚・味覚・嗅覚・触覚など）を用いて、品質特性（食品、化粧品など）を評価・判定する検査のこと
- 測定：ある量をそれと同じ種類の量の測定単

位と比較して、その量の値を実験的に得るプロセス (JIS Z 8103：2019)

- 計測：特定の目的をもって、測定の方法および手段を考究し、実施し、その結果を用いて所期の目的を達成させること (JIS Z 8103：2019)
- 方針管理とは、企業が経営目的を達成する手段である「中・長期経営計画」あるいは「年度経営方針」を効果的に推進するために、組織全体で取り組む活動
- 日常管理：通常業務に組織的に取り組むための仕組み。各部門で日常的に実施されなければならない分掌業務について、その業務目的を効率的に達成するために必要なすべての活動をいう
- 標準：関連する人々の間で利益または利便が公正に得られるように、統一し、または単純化する目的で、もの (生産活動の産出物) およびもの以外 (組織、責任権限、システム、方法など) について定めた取決め (JIS Z 8002：2006)
- 標準化とは、製品・サービスについて、標準や規格など一定のルールを確立すること
- 社内標準とは、企業内のあらゆる活動の簡素化、最適化などを目指して作成される標準のこと。社内規格とも呼ばれる
- デジュールスタンダード：国際標準化機構や国家標準化機関など公的な機関が作成する規格
- JIS (日本産業規格) とは、産業標準化法に基づく、鉱工業品製品+データ・サービスに関する国家規格のこと
- ISO (国際標準化機構) とは、国際標準化を進める代表的な国際機関。1947年に設立され、電気・電子技術分野以外の広い範囲について国際規格を作成している
- 国際標準化とは、国際的な枠組みの中で多数の国が協力してコンセンサスを重ねることにより、国際的に適用される国際規格を制定し普及す

ることによって進められる標準化をいう

- 小集団活動とは、従業員が職場の改善活動を行うための小グループによる活動のこと
- QCサークルとは、第一線の職場で働く人々が継続的に製品・サービス・仕事などの質の管理・改善を行う小グループのこと
- OJTとは、On-The-Job Training (職場内教育訓練) の略語。職務現場において、上司が部下に対して、職務遂行に必要な知識やスキルを教育・育成する方法
- OFF-JTとは、Off-The-Job Training (職場外教育訓練) の略称。職場外で行われ、集合研修や座学、グループワークなどを活用して業界知識やビジネス知識を習得させる人材育成手法
- 品質マネジメントシステム (QMS) とは、品質に関して組織を指揮し、管理するシステムのこと

第2章

- 計量値：重さや長さなどの量の単位があり、連続量として測定される特性の値
- 計数値：不連続 (離散的) な値のことで、個数を数えて得られる特性の値
- 母集団：データが所属する集団の全体
- サンプリングとは、母集団からデータを取ること。無作為に選ぶことをランダムサンプリングという
- 標本：サンプリングで得られたデータのこと。サンプルとも呼ばれる
- 有限母集団：大きさが限られている母集団で、ロットが該当する
- 無限母集団：母集団の大きさが無限大と考えられる母集団で、工程が該当する
- 誤差：測定値から真値を引いた差 (JIS Z 8103：2019)
- かたより：測定値の母平均から真値を引いた値 (JIS Z 8103：2019)
- ばらつき：測定値がそろっていないこと。また、ふぞいの程度。ふぞいの程度を表すには、

例えば標準偏差を用いることができる（JIS Z 8103：2019）

- 母数：母集団の分布を特徴づける値
- 母平均（μ）：母集団の分布の平均値
- 平均値（$\bar{x}$）：データの合計値をデータの数で割った値
- 中央値（メディアン）：測定値を順（大きい順、小さい順のどちらでも可）に並べたときに、その中央に位置する値
- 最頻値（モード）：データの中で「最も多く出現している値」のこと。度数分布表では、度数が最も高い階級の値がモードとなる
- 範囲（R）：一組の測定値の中の最大値と最小値との差
- 平方和（S）：個々の測定値と平均値との差の2乗の和
- 不偏分散（V）：平方和（S）をn（サンプル数）－1で割った値をいい、Vで表す。一般的に母分散の推定値として使われる
- 標準偏差（s）：不偏分散の平方根。データのばらつき度合いを示す
- 変動係数（CV）：標準偏差を平均で割ったものであり、相対的なばらつきを表す。単位のない数で、百分率で表されることもある

第3章

- パレート図とは、不適合品の原因や現象について項目別に層別し、出現頻度の大きい順に並べて棒グラフで表すとともに、累積百分率を折れ線グラフ（累積曲線）で表したもの。項目の重要性を判断するのに適している
- 特性要因図とは、特性（結果）と要因（原因）との関係を整理して、1つの図にわかりやすくまとめたもの
- 4M：Man（人）、Material（材料）、Machine（機械・設備）、Method（方法）の頭文字をとったもの
- チェックシートとは、調査・点検に必要な項目

や点検内容があらかじめ印刷（記載）されている調査用紙。現状把握を目的にした記録用チェックシートと点検・確認を目的にした点検用チェックシートの2種類がある

- ヒストグラム（度数分布図）とは、縦軸にデータ数（度数）、横軸にデータの数値（計量値）を取った柱状図のこと。ばらつきの全体像が把握できる
- 散布図：関連のありそうな2つのデータを横軸と縦軸それぞれに取り、観測値を打点して作る図。例えば、特性と要因にどのような相互関係があるかを見る
- 正の相関がある：変数xが増加すると変数yも直線的に増加する傾向が強い場合をいう
- 負の相関がある：変数xが増加すると変数yが直線的に減少する傾向が強い場合をいう
- 相関がない：変数xが増加しても変数yの値に変化が見られない場合をいう
- グラフ：データの全体像や時間の経過による変化の特徴などを把握しやすくするために、データを視覚的に表したもの。折れ線グラフ、棒グラフ、円グラフ、レーダーチャート、ガントチャートなどが挙げられる
- 層別とは、同じ特徴を持つグループにデータを分けること

第4章

- 親和図法：現時点で明確ではない将来の問題・未経験の分野の課題などについて事実・意見・発想を言語データとして簡潔な文章にしてカード化し、それぞれのよく似ているカードを集めて親和性によって統合した図を作成することで、何が問題なのかを明らかにしていく方法
- 連関図法：結果－原因、目的－手段などが絡み合った複雑な問題に対して、因果関係や要因相互の関係を論理的に明らかにすることで問題を解決していく手法
- 系統図法：目的や目標を達成するための手段、

方策を系統的に（目的 − 手段、目的 − 手段と）具体的実施段階のレベルまで展開して聞いていくことで、目的・目標を達成するための最適な手段を追求する方法

● マトリックス図法：新製品開発や問題解決において、問題としている事象の中から対になる要素を見つけ出し、これを行と列に配置し、その2元素（マトリックス）の交点に各要素の関連の有無や関連の度合いを表示することで、問題解決を効果的に進めていく方法

● マトリックス・データ解析法：マトリックス図で要素間の関連が数値データで得られ、定量化できた場合、計算によって関連性を整理する方法

● アローダイアグラム法：計画を推進するために必要な作業の順序を矢線と結合点を用いた図（アローダイアグラム）で表し、日程管理上の重要な経路を明らかにすることで効率的な日程計画を作成するとともに、計画の進捗を管理する手法

● PDPC（Process Decision Program Chart）法：慢性的な不良の発生や研究開発、営業活動などリスクが予測される事態に対し、事前に対応策を検討し、事態を望ましい結果に導くための手法

第5章

● 確率とは、ある事柄の起こりやすさ（可能性）が問題になるとき、それを数値で表したもの

● 確率変数とは、変数 x がある決まった確率の値をとるとき、その変数のこと。変数と確率の関係を確率分布という

● 正規分布とは、左右が対称となる連続した釣り鐘型の確率分布のこと

● 二項分布とは、結果が成功か失敗の2択となる試行を独立して n 回実施したときの成功回数を確率変数とする離散的な確率分布のこと

第6章

● 管理図とは、工程が安定な状態にあるかどうかを調べ、工程を安定な状態に保持するために用いられる図（折れ線グラフ）のこと

● $\bar{x} - R$ 管理図：品質特性が長さや重さなどの計量値である工程を管理する際に用いる管理図。平均値の変化を管理するために $\bar{x}$ 管理図を使用し、ばらつきの変化を管理するために R 管理図を用いる

● np 管理図：サンプル（n）中に不適合品（p）が何個あったかという、不適合品数（np）で工程を管理するときに用いる。ただし、サンプルの大きさが一定の場合のみしか適用できない

● p 管理図：不適合品率（p）で工程を管理するために用いる。サンプルの大きさは、適用条件とはならない。検査する群の大きさが一定ではなく、不適合品数では管理できない場合に用いられる

第7章

● 工程能力とは、定められた規格限度内で、製品を安定的に生産できる能力のこと

● 工程能力指数とは、工場内の製造ラインの優劣を比較したり、異なるラインにおける作業者間の能力を比較するなど工程能力の評価を行うための指標で、Process Capability Index と呼ばれる。一般に C_p、C_{pk} の記号で表す

第8章

● 相関係数とは、2つの変数間にどの程度、直線的な強い関係があるかを示す数値をいう。一般的に r で表し、− 1から + 1までの値を取る。r を試料相関係数と呼ぶこともある

索引

さ

山田　ジョージ
10年以上にわたってQC検定を分析し、資格取得をサポートしてきた
日本初の「QC検定受検アドバイザー」。70点での合格を目指し、効率
的に受検対策を行うドライ勉強法を提唱している。品質管理に関する
業務を金属製品１部上場企業で33年経験。2007年8月から「QC検定
（品質管理検定）受検対策」ブログを運営。web通信講座や各種対策
研修を提供している。

10時間で合格！
山田ジョージのQC検定3級 テキスト&問題集

2020年5月22日　初版発行
2024年6月15日　7版発行

著者／山田　ジョージ

発行者／山下　直久

発行／株式会社KADOKAWA
〒102-8177　東京都千代田区富士見2-13-3
電話　0570-002-301(ナビダイヤル)

印刷所／大日本印刷株式会社

©George Yamada 2020　Printed in Japan
ISBN 978-4-04-604293-4　C3050